神经网络
设计与应用

刘金琨 编著

清华大学出版社
北京

内 容 简 介

本书结合几种典型神经网络，系统地介绍每种神经网络的基本理论、基本方法和应用技术，是作者多年从事神经网络教学和科研工作的结晶，同时融入了国内外同行近年来所取得的新成果。

全书共 17 章，主要内容包括神经网络理论基础、BP 神经网络设计、基于工具箱的 BP 神经网络训练与测试、基于 BP 网络的数据拟合与误差补偿、模糊 BP 神经网络数据拟合与误差补偿、RBF 神经网络设计、模糊 RBF 神经网络设计、ELM 网络算法设计、基于高斯基函数特征提取的 FELM 神经网络、基于 ELM 神经网络和 FELM 神经网络的数据拟合、动态递归神经网络设计、带有动态回归层的模糊神经网络、Pi-Sigma 模糊神经网络设计、小脑模型神经网络设计、Hopfield 神经网络设计、深度学习算法、卷积神经网络和基于长短期记忆网络的拟合与时间序列预测。

本书各部分内容既相互联系又相互独立，读者可根据自己的需要选择学习。本书可作为高等院校工业自动化、自动控制、机械电子、自动化仪表、计算机应用等专业的本科生和研究生教学用书，也可作为从事生产过程自动化、计算机应用、机械电子和电气自动化领域工作的工程技术人员的参考书。

版权所有，侵权必究。举报：010-62782989，beiqinquan@tup.tsinghua.edu.cn。

图书在版编目(CIP)数据

神经网络设计与应用 / 刘金琨编著. -- 北京：清华大学出版社，2025.4.
ISBN 978-7-302-68710-8

Ⅰ. TP183

中国国家版本馆 CIP 数据核字第 20252JP452 号

责任编辑：薛　杨　常建丽
封面设计：刘　键
责任校对：韩天竹
责任印制：杨　艳

出版发行：清华大学出版社
网　　址：https://www.tup.com.cn,https://www.wqxuetang.com
地　　址：北京清华大学学研大厦 A 座
邮　　编：100084
社 总 机：010-83470000
邮　　购：010-62786544
投稿与读者服务：010-62776969, c-service@tup.tsinghua.edu.cn
质量反馈：010-62772015, zhiliang@tup.tsinghua.edu.cn
课件下载：https://www.tup.com.cn,010-83470236

印 装 者：三河市铭诚印务有限公司
经　　销：全国新华书店
开　　本：185mm×260mm
印　　张：14.5
字　　数：356 千字
版　　次：2025 年 5 月第 1 版
印　　次：2025 年 5 月第 1 次印刷
定　　价：59.00 元

产品编号：096839-01

前　言

有关神经网络理论及其应用,近年来已有大量的论文和著作发表。作者多年来一直从事智能控制理论及应用方面的教学和研究工作,为了促进神经网络技术的进步,反映神经网络设计与应用中的最新研究成果,并使广大研究人员和工程技术人员能了解、掌握和应用这一领域的最新技术,学会用 MATLAB 语言进行各种神经网络算法的分析和设计,作者编写这本书,以抛砖引玉,供广大读者学习参考。

本书理论联系实际,面向工程中的问题,具有很强的工程性和实用性,有大量应用实例及其结果分析。神经网络算法取材典型,重点介绍一些有潜力的新思想、新方法和新技术,针对每种神经网络算法给出了仿真实例分析和完整的 MATLAB 仿真程序,并给出了程序的说明和仿真结果。

本书按神经网络的类型进行介绍,共 17 章,第 1 章介绍神经网络理论基础,第 2 章介绍 BP 神经网络的基本概念、基本算法和设计方法,第 3 章介绍基于工具箱的 BP 神经网络训练与测试方法,第 4 章介绍基于 BP 网络的数据建模与修正方法,第 5 章介绍基于高斯基函数特征提取的模糊 BP 神经网络设计方法,第 6 章介绍 RBF 神经网络基本概念、基本算法和设计方法,第 7 章介绍模糊 RBF 神经网络基本概念、基本算法和设计方法,第 8 章介绍 ELM 网络算法基本概念、基本算法和设计方法,第 9 章介绍基于高斯基函数特征提取的 FELM 神经网络基本概念、基本算法和设计方法,第 10 章介绍基于 ELM 神经网络和 FELM 神经网络集成学习的建模方法,第 11 章介绍动态回归神经网络基本概念、基本算法和设计方法,第 12 章介绍带有动态回归层的模糊神经网络基本概念、基本算法和设计方法,第 13 章介绍 Pi-Sigma 神经网络基本概念、基本算法和设计方法,第 14 章介绍小脑模型神经网络基本概念、基本算法和设计方法,第 15 章介绍 Hopfield 神经网络设计基本概念、基本算法和设计方法,第 16 章介绍深度学习算法——卷积神经网络基本概念、基本算法和设计方法,第 17 章介绍基于长短期记忆网络的拟合与预测方法。

本书介绍的方法有些选自高水平国际杂志和著作中的经典控制方法,并对其中的一些算法进行了修正或补充。书中对一些典型神经网络算法及设计方法进行了较详细的理论分析和仿真分析,使得一些深奥的理论易于掌握,为读者的深入研究打下了基础。

本书是在总结作者多年研究成果的基础上,进一步理论化、系统化、规范化、实用化而成的。与已出版的国内外同类代表著作比较,本书主要特色如下。

(1) 神经网络算法取材新颖,内容先进,包括了近年新发展起来的极限神经网络,并设计了两种新的神经网络算法,即带有动态回归层的模糊神经网络和基于高斯基函数特征提取的 ELM 神经网络;

(2) 针对每种神经网络算法给出了完整的 MATLAB 仿真程序,并给出了程序的说明和仿真结果,具有很强的可读性;

(3) 着重从应用领域角度出发,突出理论联系实际,面向广大工程技术人员,具有很强的工程性和实用性，书中有大量应用实例及其结果分析，为读者提供了有益的借鉴；

（4）本书给出的各种神经网络算法完整，程序结构设计力求简单明了，便于读者自学和进一步开发。

本书中每种神经网络算法的 MATLAB 仿真设计都是针对其具体算法进行设计和开发的，有些采用了 MATLAB 工具箱中的函数，便于读者理解算法，并利于读者结合实际应用进一步开发。

由于作者水平有限，书中难免存在一些不足和错误之处，欢迎广大读者批评指正。

刘金琨

2025 年 2 月于北京航空航天大学

目 录

第1章 神经网络理论基础 ... 1
  1.1 神经网络发展简史 ... 2
  1.2 神经网络原理 ... 3
  1.3 神经网络的分类 ... 4
  1.4 神经网络学习算法 ... 6
    1.4.1 Hebb 学习规则 ... 6
    1.4.2 Delta(δ)学习规则 ... 6
  1.5 神经网络的特征及要素 ... 7
    1.5.1 神经网络的特征 ... 7
    1.5.2 神经网络三要素 ... 7
  1.6 神经网络的设计关键技术 ... 7
  1.7 神经网络的应用领域 ... 8
  1.8 神经网络典型应用实例 ... 8
  参考文献 ... 10
  思考题 ... 11

第2章 BP 神经网络设计 ... 12
  2.1 基本原理 ... 12
  2.2 BP 网络算法 ... 13
    2.2.1 BP 网络的输入/输出算法 ... 13
    2.2.2 输入信息的归一化 ... 13
    2.2.3 多入多出样本的 BP 网络离线学习算法 ... 15
    2.2.4 仿真实例：样本的离线训练与测试 ... 16
    2.2.5 函数在线逼近的 BP 网络学习算法 ... 20
    2.2.6 仿真实例：正弦函数的拟合 ... 21
  参考文献 ... 23
  思考题 ... 23

第3章 基于工具箱的 BP 神经网络训练与测试 ... 24
  3.1 BP 神经网络训练 ... 24
  3.2 BP 神经网络测试 ... 26
  3.3 仿真实例 ... 26
  思考题 ... 33

第4章 基于 BP 网络的数据拟合与误差补偿 ... 34
  4.1 BP 网络的拟合 ... 34

4.2 数据拟合与误差补偿机理 ································ 35
4.3 仿真实例 ···································· 36
4.3.1 BP 网络的训练与测试 ···························· 36
4.3.2 针对测试误差的 BP 网络训练与测试 ···················· 41
4.3.3 实验数据的误差补偿 ···························· 45
思考题 ······································· 47

第 5 章 模糊 BP 神经网络数据拟合与误差补偿 ·················· 48
5.1 模糊 BP 神经网络 ································ 48
5.2 仿真实例 ···································· 51
5.2.1 实验数据拟合与测试 ···························· 51
5.2.2 实验数据与真实数据之差的拟合与测试 ·················· 55
5.2.3 新的实验数据输出的补偿 ·························· 58
思考题 ······································· 60

第 6 章 RBF 神经网络设计 ···························· 61
6.1 基本原理 ···································· 61
6.2 网络结构与算法 ································· 61
6.3 RBF 网络基函数设计实例 ··························· 62
6.3.1 结构为 1-5-1 的 RBF 网络 ························· 62
6.3.2 结构为 2-5-1 的 RBF 网络 ························· 63
6.4 基于梯度下降法的 RBF 神经网络逼近 ···················· 64
6.4.1 算法设计 ································ 64
6.4.2 仿真实例 ································ 65
6.5 高斯基函数的参数对 RBF 网络逼近的影响 ·················· 69
6.6 隐含层节点数对 RBF 网络逼近的影响 ···················· 74
6.7 RBF 神经网络的训练 ······························ 79
6.7.1 RBF 神经网络的离散训练 ·························· 79
6.7.2 仿真实例 ································ 80
6.8 BP 神经网络与 RBF 神经网络训练比较 ···················· 86
6.8.1 BP 神经网络测试 ····························· 86
6.8.2 RBF 神经网络测试 ···························· 89
参考文献 ······································ 92
思考题 ······································· 92

第 7 章 模糊 RBF 神经网络设计 ························· 93
7.1 模糊神经网络介绍 ································ 93
7.2 模糊神经网络的优点及设计关键 ························ 94
7.3 网络结构及算法 ································· 94
7.4 模糊 RBF 网络的数据离散拟合 ························· 95
7.4.1 基本原理 ································ 95

7.4.2 仿真实例 ··· 96
7.5 BP 神经网络与模糊神经网络训练测试 ·· 103
7.5.1 BP 神经网络 ·· 103
7.5.2 模糊 RBF 神经网络 ·· 106
7.6 采用工具箱的模糊 RBF 神经网络训练与测试 ··· 110
7.6.1 ANFIS 简介 ·· 110
7.6.2 仿真实例 ·· 111
参考文献 ··· 113
思考题 ··· 114

第 8 章 ELM 网络算法设计 ·· 115
8.1 ELM 神经网络的特点 ·· 115
8.2 网络结构与算法 ··· 115
8.3 ELM 网络的训练 ··· 116
8.4 仿真实例 ··· 117
参考文献 ··· 121
思考题 ··· 122

第 9 章 基于高斯基函数特征提取的 FELM 神经网络 ·· 123
9.1 FELM 网络结构与算法 ··· 123
9.2 FELM 网络的学习算法 ··· 123
9.3 仿真实例 ··· 126
参考文献 ··· 128
思考题 ··· 128

第 10 章 基于 ELM 神经网络和 FELM 神经网络的数据拟合 ·· 130
10.1 数据集的设计 ··· 130
10.2 神经网络的拟合 ·· 132
10.3 仿真实例 ··· 132
思考题 ··· 140

第 11 章 动态递归神经网络设计 ··· 141
11.1 网络结构 ··· 141
11.2 DRNN 网络的逼近 ·· 141
11.3 仿真实例 ··· 143
思考题 ··· 145

第 12 章 带有动态回归层的模糊神经网络 ··· 147
12.1 算法结构 ··· 147
12.2 输入、输出算法 ·· 147
12.3 网络学习算法 ··· 148
12.4 仿真实例 ··· 149
参考文献 ··· 158

思考题 ... 158

第 13 章 Pi-Sigma 模糊神经网络设计 ... 159
13.1 高木-关野模糊系统 ... 159
13.2 Pi-Sigma 模糊神经网络 ... 159
13.3 网络离散学习算法 ... 161
13.4 网络在线学习算法 ... 162
13.5 仿真实例 ... 162
参考文献 ... 169
思考题 ... 170

第 14 章 小脑模型神经网络设计 ... 171
14.1 概述 ... 171
14.2 CMAC 网络结构 ... 171
14.3 CMAC 网络算法 ... 172
14.4 仿真实例 ... 173
参考文献 ... 176
思考题 ... 176

第 15 章 Hopfield 神经网络设计 ... 177
15.1 Hopfield 网络原理 ... 177
15.2 Hopfield 网络算法 ... 177
15.3 基于 Hopfield 网络的路径优化 ... 179
15.3.1 旅行商问题 ... 179
15.3.2 求解旅行商问题的 Hopfield 神经网络设计 ... 179
15.3.3 仿真实例 ... 180
参考文献 ... 187
思考题 ... 187

第 16 章 深度学习算法——卷积神经网络 ... 188
16.1 卷积神经网络的发展历史 ... 188
16.2 卷积神经网络的设计 ... 189
16.3 数字二值图像分类的设计 ... 191
16.3.1 网络训练的步骤 ... 191
16.3.2 网络训练参数的配置 ... 194
16.4 基于 CNN 的数字识别 ... 195
16.4.1 问题的提出 ... 195
16.4.2 仿真实例 ... 195
16.5 基于卷积神经网络的数据拟合 ... 200
16.5.1 基本原理 ... 200
16.5.2 仿真实例 ... 202
16.6 卷积神经网络的发展方向 ... 208

参考文献 ·· 208
思考题 ·· 209

第 17 章　基于长短期记忆网络的拟合与时间序列预测 ·· 210

17.1　LSTM 神经网络简介 ··· 210
17.2　LSTM 原理 ·· 210
17.3　激活函数的选择 ·· 212
17.4　LSTM 的设计与优化 ··· 212
　　17.4.1　设计方法 ·· 212
　　17.4.2　梯度消失与爆炸问题 ·· 212
17.5　仿真实例 ·· 213
　　17.5.1　仿真实现步骤 ··· 213
　　17.5.2　仿真实例 ·· 213
17.6　未来发展方向 ··· 221
参考文献 ·· 221

第1章　神经网络理论基础

人类当前面临的重大科学研究课题之一,是要解释大脑活动的机理和人类智能的本质,制造具有类似人类智能活动能力的智能机器,开发智能应用技术。利用机器模仿人类的智能是长期以来人们认识自然、改造自然和认识自身的理想。自从有了能存储信息、运算,并能进行逻辑判断的电子计算机以来,计算机的功能和性能研究飞速发展,使得机器智能的研究与开发日益受到人们的重视。在过去的几十年里,先驱们不懈探索,在神经生理学、心理学、控制论、信息论和认知科学等一大批基础学科研究成果的基础上,从信息处理的角度研究脑和机器的智能,并取得了重大进展,推动了一大批相关学科的发展,其研究成果的应用也促进了国民经济建设和国防科技现代化建设。

国际著名的神经网络专家、第一个计算机公司的创始人和神经网络实现技术的研究领导人 Hecht-Nielson 给神经网络的定义是:"神经网络是一个以有向图为拓扑结构的动态系统,它通过对连续或断续式的输入作状态响应而进行信息处理。"

神经网络系统是由大量的、同时也是很简单的处理单元(或称神经元),通过广泛互相连接而形成的复杂网络系统。虽然每个神经元的结构和功能十分简单,但由大量神经元构成的网络系统的行为却是丰富多彩和十分复杂的。神经网络系统是一个高度复杂的非线性动力学系统,不但具有一般非线性系统的共性,更主要的是它还具有自己的特点,如高维性、神经元之间的广泛互连性,以及自适应性或自组织性等。

神经网络从人脑的生理学和心理学着手,通过人工模拟人脑的工作机理实现机器的部分智能行为,因此又称为人工神经网络(简称神经网络,Neural Network)。神经网络是模拟人脑思维方式的数学模型,是在现代生物学研究人脑组织成果的基础上提出的,用来模拟人类大脑神经网络的结构和行为,它从微观结构和功能上对人脑进行抽象和简化,是模拟人类智能的一条重要途径,反映了人脑功能的若干基本特征,如并行信息处理、学习、联想、模式分类、记忆等。

神经网络是 20 世纪 80 年代以来人工智能领域兴起的研究热点,它从信息处理角度对人脑神经元网络进行抽象,建立某种简单模型,按不同的连接方式组成不同的网络。神经网络是一种运算模型,由大量节点(或称神经元)相互连接构成。每个节点代表一种特定的输出函数,称为激励函数(Activation Function)。每两个节点间的连接都代表一个对于通过该连接信号的加权值,称之为权重,相当于神经网络的记忆。网络的输出则依网络的连接方式、权重值和激励函数的不同而不同。网络自身通常都是对自然界某种算法或者函数的逼近,也可能是对一种逻辑策略的表达。

随着神经网络的研究不断深入,其在模式识别、智能机器人、自动控制、预测估计、生物、医学、经济等领域已成功解决了许多现代计算机难以解决的实际问题,表现出良好的智能特性。

1.1 神经网络发展简史

自从 20 世纪 40 年代提出基于单神经元模型构建的神经网络计算模型[1]，神经网络在感知学习、模式识别、信号处理、建模技术和系统控制等方面迅速发展并得到广泛应用。神经网具有高度并行的结构、强大的学习能力、连续非线性函数逼近能力以及容错能力等优点，极大地促进与拓展了神经网络技术在非线性系统辨识与控制方面的应用[2]。

神经网络在如下几方面吸引了广大研究人员的注意力，主要概括如下[3-7]。

(1) 神经网络对任意函数具有学习能力，神经网络的自学习能力可避免复杂数学分析。

(2) 针对传统方法不能解决的高度非线性问题，多层神经网络的隐含层神经元采用了激活函数，它具有非线性映射功能，这种映射可以逼近任意非线性函数，为解决非线性问题提供了有效的途径。

(3) 传统方法需要模型先验信息来设计控制方案，例如需要建立被控对象的数学模型。由于神经网络的自学习能力，不要许多系统的模型和参数信息，因此神经网络可以广泛用于解决具有不确定模型的控制问题。

(4) 采用神经元芯片或并行硬件，为大规模神经网络并行处理提供了非常快速的多处理技术。

(5) 在神经网络的大规模并行处理架构下，网络的某些节点损坏并不影响整个神经网络的整体性能，有效提高了控制系统的容错性。

神经网络的发展历程经过四个阶段。

1) 启蒙期(1890—1969 年)

1890 年，W.James 出版了著作《心理学》，讨论了脑的结构和功能。1943 年，心理学家 W.S.McCulloch 和数学家 W.Pitts 提出描述脑神经细胞动作的数学模型，即 M-P 模型(第一个神经网络模型)。1949 年，心理学家 Hebb 实现了对脑细胞之间相互影响的数学描述，从心理学的角度提出了至今仍对神经网络理论有重要影响的 Hebb 学习法则。1958 年，E. Rosenblatt 提出了描述信息在人脑中存储和记忆的数学模型，即著名的感知机(Perceptron)模型。1962 年，Widrow 和 Hoff 提出自适应线性神经网络，即 Adaline 网络，并提出了网络学习新知识的方法，即 Widrow 和 Hoff 学习规则(即 δ 学习规则)，并用电路进行了硬件设计。

2) 低潮期(1969—1982 年)

受当时神经网络理论研究水平的限制，加之受到冯·诺依曼式计算机发展的冲击等因素的影响，神经网络的研究陷入低谷。但在美国、日本等国仍有少数学者继续着网络模型和学习算法的研究，提出了许多有意义的理论和方法。1969 年，M.Minsky 和 S.Papert 出版了著作《感知器》，指出简单神经网络只能用于线性问题的求解，求解非线性问题的神经网络应具有隐含层。1972 年，Kohonen 提出了自组织映射的 SOM 模型。1976 年，Grossberg 提出了 ART(Adaptive Resonance Theory，自适应共振理论)神经网络，该网络是一种自组织的神经网络结构，采用无导师的学习方式，当神经网络与外界环境有交互作用时，对环境信息的学习会自发地产生。

3）复兴期(1982—1986年)

1982年，物理学家Hopfield提出了Hopfield神经网络模型，该模型通过引入能量函数，实现了问题优化求解。1984年，他用此模型成功解决了旅行商问题(TSP)。1984年，他又提出了连续时间Hopfield神经网络模型，为神经计算机的研究做了开拓性的工作，开创了神经网络用于联想记忆和优化计算的新途径，有力推动了神经网络的研究，这一成果的取得使神经网络的研究取得了突破性进展。

1985年，又有学者提出了玻耳兹曼模型，在学习中采用统计热力学模拟退火技术，保证整个系统趋于全局稳定点。

1986年，在Rumelhart和McCelland等出版的 *Parallel Distributed Processing* 一书中，提出一种著名的多层神经网络模型，即BP网络，该网络是迄今为止应用最普遍的神经网络。BP算法已用于解决大量实际问题。

4）新连接机制时期(1986年至今)

神经网络从理论走向应用领域，出现了神经网络芯片和神经计算机。神经网络逐渐在模式识别与图像处理(如语音、指纹、故障检测和图像压缩等)、控制与优化、预测与管理(市场预测、风险分析)、通信等领域得到成功的应用。

1988年，Broomhead和Lowe提出了RBF神经网络，该网络具有良好的泛化能力，网络结构和算法简单，且能在一个紧凑集和任意精度下逼近任何非线性函数，在非线性自适应控制领域得到广泛的应用。

2006年，Hinton提出深度神经网络模型，区别于传统神经网络的浅层学习，深度神经网络学习更加强调模型结构的深度，明确特征学习的重要性，通过逐层特征变换，将样本元空间特征表示变换到一个新特征空间，从而使分类或预测更加容易。与传统的神经网络方法相比，深度神经网络利用大数据学习特征，更能刻画数据的丰富内在信息，在有海量数据的情况下，很容易通过增大模型结构达到更高的正确率。随着高性能计算、神经网络硬件的发展，深度神经网络学习的训练时间大幅缩短。深度神经网络的出现，使得无数难题得以解决，深度神经网络已成为人工智能领域最热门的研究方向。

当前较流行的深度神经网络是深度卷积神经网络(Deep Convolutional Neural Networks，CNNs)，其网络层数从几层到上百层。卷积神经网络理论的建立得益于Rumelhart于1986年提出的BP算法，是一类包含卷积计算且具有深度结构的前馈神经网络，是深度学习代表算法之一。21世纪后，卷积神经网络得到快速发展，目前在语音识别、图像识别、图像分割和自然语言处理等领域都成功应用。在上述应用中，卷积神经网络自动从大规模数据中学习特征，并将结果向同类型未知数据泛化。随着云计算以及大数据的发展，深度学习神经网络在很多研究领域都突破了传统机器学习的瓶颈，推动了人工智能的发展。

1.2 神经网络原理

神经生理学和神经解剖学的研究表明，人脑极其复杂，由1000多亿个神经元交织在一起的网状结构构成，其中大脑皮层约140亿个神经元，小脑皮层约1000亿个神经元。

人脑能完成智能、思维等高级活动。为了能利用数学模型模拟人脑的活动，人们开始了神经网络的研究。

单个神经元的解剖图如图 1.1 所示。神经系统的基本构造是神经元(神经细胞)，它是处理人体内各部分之间相互信息传递的基本单元。每个神经元都由一个细胞体、一个连接其他神经元的轴突和一些向外伸出的其他较短分支——树突组成。轴突的功能是将本神经元的输出信号(兴奋)传递给别的神经元，其末端的许多神经末梢使得兴奋可以同时传送给多个神经元。树突的功能是接受来自其他神经元的兴奋。神经元细胞体将接收到的所有信号进行简单的处理后，由轴突输出。神经元的轴突与另外神经元神经末梢相连的部分称为突触。

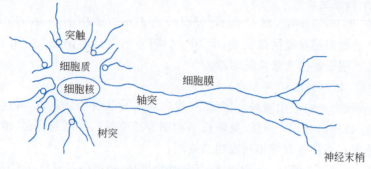

图 1.1 单个神经元的解剖图

神经元由 3 部分构成。

(1) 细胞体(主体部分)：包括细胞质、细胞膜和细胞核；

(2) 树突：用于为细胞体传入信息；

(3) 轴突：为细胞体传出信息，其末端是轴突末梢，含传递信息的化学物质；

(4) 突触：是神经元之间的接口($10^4 \sim 10^5$ 个/每个神经元)。

通过树突和轴突，神经元之间实现了信息的传递。

神经网络的研究主要分 3 方面内容，即神经元模型、神经网络结构和神经网络学习算法。

1.3 神经网络的分类

人工神经网络是以数学手段模拟人脑神经网络的结构和特征的系统。利用人工神经元可以构成各种不同拓扑结构的神经网络，从而实现对生物神经网络的模拟和近似。

目前，神经网络模型的种类相当丰富，已有 40 余种神经网络模型，其中典型的有多层前向传播网络(BOP 网络)、Hopfield 网络、CMAC 小脑模型、ART(自适应共振理论)、BAM 双向联想记忆、SOM(自组织映射网络)、Blotzmann(玻耳兹曼)机网络和 Madaline 网络等。

根据神经网络的连接方式，神经网络可分为 3 种形式。

1) 前馈型神经网络

前馈型神经网络结构如图 1.2 所示，神经元分层排列，组成输入层、隐含层和输出层。每一层的神经元只接受前一层神经元的输入。输入模式经过各层的顺次变换后，由输出层输出。在各神经元之间不存在反馈。感知器和误差反向传播网络采用前馈型神经网络形式。这种网络实现信号从输入空间到输出空间的变换，它的信息处理能力来自简单非线性函数的多次复合。前馈型神经网络结构简单,易于实现。BP 网络是一种典型的前馈型神经网络。

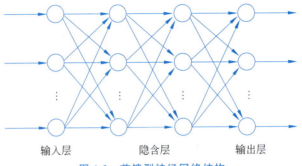

图 1.2 前馈型神经网络结构

2）反馈型神经网络

反馈型神经网络结构如图 1.3 所示,该网络结构在输出层到输入层存在反馈,即每一个输入节点都有可能接受来自外部的输入和来自输出神经元的反馈。这种神经网络是一种反馈动力学系统,它需要工作一段时间才能稳定。Hopfield 神经网络是反馈型神经网络中最简单且应用最广泛的模型,它具有联想记忆的功能,如果将 Lyapunov 函数定义为寻优函数,Hopfield 神经网络还可以解决寻优问题。

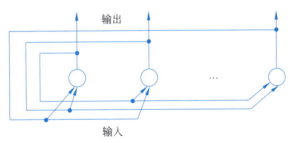

图 1.3 反馈型神经网络结构

3）自组织神经网络

自组织神经网络结构如图 1.4 所示。Kohonen 网络是最典型的自组织神经网络。Kohonen 认为,当神经网络接受外界输入时,网络将会分成不同的区域,不同区域具有不同的响应特征,即不同的神经元以最佳方式响应不同性质的信号激励,从而形成一种拓扑意义上的特征图,该图实际上是一种非线性映射。这种映射是通过无监督的自适应过程完成的,

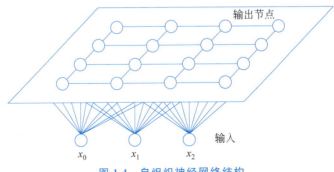

图 1.4 自组织神经网络结构

所以也称为自组织特征图。

Kohonen 网络通过无导师的学习方式进行权值的学习,稳定后的网络输出就对输入模式生成自然的特征映射,从而达到自动聚类的目的。

1.4 神经网络学习算法

神经网络学习算法是神经网络智能特性的重要标志。神经网络通过学习算法,实现了自适应、自组织和自学习。

目前神经网络的学习算法有多种,按有无指导分类,可分为有监督学习(Supervised Learning)、无监督学习(Unsupervised Learning)和强化学习(Reinforcement Learning)等。在有监督的学习方式中,网络的输出和期望的输出(即监督信号)进行比较,然后根据两者之间的差异调整网络的权值,最终使差异变小,如图 1.5 所示。在无监督的学习方式中,输入模式进入网络后,网络按照一预先设定的规则(如竞争规则)自动调整权值,使网络最终具有模式分类等功能,如图 1.6 所示。强化学习是介于上述两者的一种学习方式。

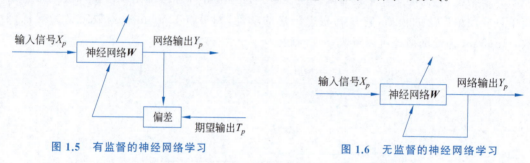

图 1.5 有监督的神经网络学习 　　　　图 1.6 无监督的神经网络学习

根据神经网络的连接方式,神经网络可分为 3 种形式:前馈型神经网络、反馈型神经网络和自组织神经网络,其中前两种可用于控制系统的设计。典型的前馈型神经网络主要有单神经元网络、BP 神经网络和 RBF 神经网络,反馈型神经网络主要有 Hopfield 神经网络。

下面介绍两个基本的神经网络学习算法。

1.4.1 Hebb 学习规则

Hebb 学习规则是一种联想式学习算法。生物学家 D.O.Hebbian 基于对生物学和心理学的研究,认为两个神经元同时处于激发状态时,它们之间的连接强度将得到加强,这一论述的数学描述被称为 Hebb 学习规则,即

$$w_{ij}(k+1) = w_{ij}(k) + I_i I_j \tag{1.1}$$

其中,$w_{ij}(k)$ 为连接神经元 i 与神经元 j 的当前权值,I_i 和 I_j 为神经元的激活水平。

Hebb 学习规则是一种无导师的学习方法,它只根据神经元连接间的激活水平改变权值,因此这种方法又称为相关学习或并联学习。

1.4.2 Delta(δ)学习规则

假设误差准则函数为

$$E(k) = \frac{1}{2}(y(k) - y_n(k))^2 \tag{1.2}$$

其中 k 为迭代次数，$y(k)$ 代表期望的输出(监督信号)，$y_n(k)$ 为网络输出，$y_n(k) = f(\boldsymbol{W}\boldsymbol{x})$，$\boldsymbol{W}$ 为网络所有权值组成的向量。

神经网络学习的目的是通过调整权值 $\boldsymbol{W}$，使误差准则函数最小。可采用梯度下降法实现权值的调整，其基本思想是沿着 E 的负梯度方向不断修正 $\boldsymbol{W}$ 值，直到 E 最小，这种方法的数学表达式为

$$\Delta \boldsymbol{W} = -\eta \frac{\partial E(k)}{\partial \boldsymbol{W}} \tag{1.3}$$

1.5 神经网络的特征及要素

1.5.1 神经网络的特征

神经网络具有以下几个特征。
(1) 能逼近任意非线性函数；
(2) 信息的并行分布式处理与存储；
(3) 可以多输入、多输出；
(4) 便于用超大规模集成电路(VLSI)或光学集成电路系统实现，或用现有的计算机技术实现；
(5) 能进行学习，以适应环境的变化。

1.5.2 神经网络三要素

神经网络具有以下三个要素。
(1) 神经元(信息处理单元)的特性；
(2) 神经元之间相互连接的拓扑结构；
(3) 为适应环境而改善性能的学习规则。

1.6 神经网络的设计关键技术

(1) 网络样本模式的设计，每个测试样本数量的选取；
(2) 神经网络输入/输出参数的选取，参数的权重分析和参数的归一化；
(3) 神经网络输入参数中，带噪声参数的滤波算法设计及分析；
(4) 神经网络结构的选取，尤其是网络层数和隐含层神经网络个数的选取；
(5) 神经网络的学习算法的设计，学习算法参数的选取；
(6) 避免网络训练的过拟合方法。

1.7　神经网络的应用领域

神经网络的应用非常广泛,主要包括以下几方面。

1) 基于神经网络的预测和建模

利用神经网络具有强大的映射能力和记忆能力,可实现对系统的建模,在已知常规模型结构的情况下,估计模型参数。利用神经网络的线性、非线性特性,可建立线性、非线性系统的静态、动态、逆动态及预测模型,实现非线性系统的建模。利用神经网络的逼近能力,还可实现预测。例如,神经网络可实现金融领域的股票预测、信用评估、欺诈检测等。神经网络模型可以对大量的金融数据进行分析和预测,提高金融市场决策的准确性和效率。

2) 神经网络控制

神经网络利用其强大的自学习能力,从传感器数据中学习控制规律,从而提高控制系统的自适应能力。神经网络作为控制系统的控制器,可以对不确定、不确知系统及扰动进行有效控制,使控制系统达到所要求的动态、静态特性。目前,神经网络控制已经在多种控制结构中得到应用,如自适应控制、前馈反馈控制、内模控制、预测控制等。

3) 图像处理

神经网络在图像处理领域得到广泛应用。通过训练,神经网络可以学习识别图像中的特征,从而完成图像分类、目标检测、人脸识别等任务。例如,卷积神经网络可以通过学习图像中的层次特征,实现高效的图像识别。

4) 计算机视觉

计算机视觉是利用计算机将图像或视频处理成数字信号,以实现对视觉信息的自动分析和理解的一种技术。卷积神经网络是计算机视觉应用最为广泛的神经网络模型,通过特征提取和分类,可实现图像分类、目标检测、人脸识别等,并可以通过减少网络参数和增加网络深度提高准确率。

5) 语音识别和自然语言处理

通过训练神经网络,可实现语音的识别、合成以及文本的生成,神经网络对机器翻译领域有很大的推动作用。深度学习模型可通过学习源语言和目标语言之间的映射关系,实现更准确的翻译。例如,循环神经网络(RNN)和长短时记忆(LSTM)网络在处理自然语言时,可以提高语义分析的准确性。

神经网络的应用已经渗透到许多领域,随着技术的不断发展,神经网络的应用前景将更加广阔。

1.8　神经网络典型应用实例

采用神经网络可以以任意精度逼近任意数据,尤其适用于非线性拟合与逼近的问题。

例1　多输入多输出样本的离线拟合

取标准样本为3个输入2个输出的样本,如表1.1所示,样本的输入与输出之间存在较强的非线性关系。采用神经网络,可实现输入/输出样本的拟合,利用拟合后的网络权值可实现输入模式的预测。

表 1.1 训练样本

输	入		输	出
1	0	0	1	0
0	1	0	0	0.5
0	0	1	0	1

例 2 数据的离线拟合

体脂数据集用于表示身体脂肪的数据,来自 MATLAB 提供的内置数据,可通过">help nndatasets"获取相关的知识。仿真中,可以通过代码 load bodyfat_dataset 获得数据。

体脂数据集 bodyfat_dataset 中列出了 252 人与身体体脂率相关的参数值及对应的体脂率,数据集中有 252 个样本,每个样本有 13 个输入,分别代表身体特征数据参数,只有 1 个输出,即体脂率。每个样本的输入与输出都具有一定的非线性映射关系,故可以针对该数据集的输入/输出进行神经网络训练,从而可实现输入/输出的拟合。数据集中,每个样本的第 1~13 列为输入变量,第 14 列为输出变量,即输入层包含 13 个神经元,输出层有 1 个神经元。

在表 1.2 的数据集中,第 1~13 列为输入变量,第 14 列为输出变量,即输入层有 13 个神经元,输出层有 1 个神经元。

表 1.2 数据集的输入/输出变量

（load bodyfat_dataset：MATLAB 内置数据集）

输入变量	单 位	输出变量
年龄	年	
质量	磅(1 磅=0.454 千克)	
高度	英寸(1 英寸=2.54 厘米)	
颈围	cm	
胸围	cm	
腹围	cm	
臀围	cm	体脂率
大腿围	cm	
膝盖周长	cm	
脚踝周长	cm	
肱二头肌(伸展)周长	cm	
前臂周长	cm	
手腕周长	cm	

导入数据的方式如下：

```
load bodyfat_dataset;
[X,Y]=bodyfat_dataset;
```

其中输入 X 为 13 个，对应身体的特征数据，共 252 行，输出 Y 为 1 个，对应体脂率，共 252 行。

例 3 神经网络在线逼近

利用神经网络可实现模型的在线逼近，以如下离散模型的在线逼近为例：

$$y(k)=u(k)^3+\frac{y(k-1)}{1+y(k-1)^2},\quad t\leqslant 0.5\text{s}$$

神经网络在线逼近如图 1.7 所示，其中 k 为网络的迭代步骤，$u(k)$ 和 $y(k)$ 为网络的输入，NN 为网络逼近器，$y(k)$ 为模型实际输出，$y_n(k)$ 为 NN 的输出。将系统输出 $y(k)$ 及输入 $u(k)$ 的值作为 NN 的输入，将模型输出与网络输出的误差作为 NN 的调整信号，通过设计神经网络在线学习算法，可实现模型的在线逼近。

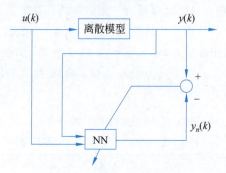

图 1.7 神经网络在线逼近

参 考 文 献

[1] MCCULLOCH W S, PITTS W. A logical calculus of the ideas immanent in nervous activity[J]. Bulletin of Mathematical Biophysics,1943,5：115-133.

[2] HUNT K J, SBARBARO D, ZBIKOWSKI R, et al. Neural networks for control system：A survey [J]. Automatica,1992,28(6)：1083-1112.

[3] BARRON A R. Approximation and estimation bounds for artificial neural networks[J]. Machine Learning,1994,14：115-133.

[4] BARRON A R. Universal approximation bounds for superposition for a sigmoidal function[J]. IEEE Transactions on Information Theory,1993,39(3)：930-945.

[5] CHEN T P, CHEN H. Approximation capability to functions of several variables, nonlinear functionals, and operators by radial basis function neural networks[J]. IEEE Transactions Neural Network,1995,6(4)：904-910.

[6] HORNIK K, STINCHCOMBE M, WHITE H. Multilayer feedforward networks are universal approximator[J]. Neural Network,1989,2(5)：359-366.

[7] POGGIO T,GIROSI T. Networks for approximation and learning[J]. Proc IEEE,1990,78(9):1481-1497.
[8] 王永骥,涂健.神经元网络控制[M].北京:机械工业出版社,1998.

思 考 题

1. 神经网络的发展分为哪几个阶段？每个阶段都有哪些特点？
2. 神经网络按连接方式分有哪几类？每一类有哪些特点？
3. 有监督学习与无监督学习有何区别？
4. 分别描述 Hebb 学习规则和 Delta 学习规则,它们二者有何区别？
5. 神经网络近几年的理论进展如何？
6. 神经网络可解决什么问题？在实际工程中有哪些应用？
7. 离线拟合和在线逼近有何区别？为何神经网络可实现离线拟合和在线逼近？

第 2 章　BP 神经网络设计

2.1　基本原理

1936 年，Rumelhart 等提出了误差反向传播神经网络，简称 BP(Back Propagation)网络，该网络是一种单向传播的多层前向网络[1]。

反向传播(BP)神经网络的普及，大大促进了神经网络在建模、控制等领域的发展。

误差反向传播的 BP 算法简称 BP 算法，其基本思想是最小二乘法。它采用梯度搜索技术，以使网络的实际输出值与期望输出值的误差均方值最小。

BP 网络具有以下几个特点。

(1) BP 网络是一种多层网络，包括输入层、隐含层和输出层；
(2) 层与层之间采用全互连方式，同一层神经元之间不连接；
(3) 权值通过 δ 学习算法进行调节；
(4) 神经元激活函数为 Sigmoid 函数；
(5) 学习算法由正向传播和反向传播组成；
(6) 层与层的连接是单向的，信息的传播是双向的。

具有一个隐含层的 BP 网络结构如图 2.1 所示，图中 i 为输入层神经元，j 为隐含层神经元，k 为输出层神经元。

二输入单输出的 BP 网络如图 2.2 所示。

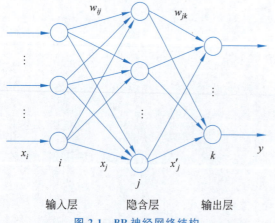

图 2.1　BP 神经网络结构

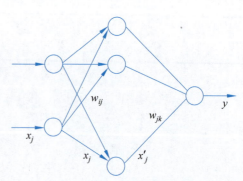

图 2.2　二输入单输出的 BP 网络

2.2 BP 网络算法

2.2.1 BP 网络的输入/输出算法

BP 算法输入信息从输入层经隐含层逐层处理,并传向输出层,每层神经元(节点)的状态只影响下一层神经元的状态。

隐含层神经元的输入为所有输入的加权之和:

$$x_j = \sum_i w_{ij} x_i \tag{2.1}$$

隐含层神经元的输出 x'_j 采用 Sigmoid 函数激活 x_j:

$$x'_j = f(x_j) = \frac{1}{1+e^{-x_j}}$$

则

$$\frac{\partial x'_j}{\partial x_j} = x'_j (1 - x'_j)$$

输出层神经元的输出:

$$y = \sum_j w_{jk} x'_j \tag{2.2}$$

BP 网络的优点如下。

(1) 只要有足够多的隐含层和隐含层节点,BP 网络就可以逼近任意的非线性映射关系。

(2) BP 网络的学习算法属于全局逼近算法,具有较强的泛化能力。

(3) BP 网络输入与输出之间的关联信息分布存储在网络的连接权中,个别神经元的损坏只对输入、输出关系有较小的影响,因而 BP 网络具有较好的容错性。

BP 网络的主要缺点如下。

(1) 待寻优的参数多,收敛速度慢。

(2) 目标函数存在多个极值点,按梯度下降法进行学习,很容易陷入局部极小值。

(3) 难以确定隐含层及隐含层节点的数目。目前,如何根据特定的问题确定具体的网络结构尚无很好的方法,仍需根据经验试凑。

由于 BP 网络具有很好的逼近非线性映射的能力,因此在实际应用中可采用 BP 神经网络实现未知函数的逼近。理论上,3 层 BP 网络能逼近任何一个非线性函数[1],但由于 BP 网络是全局逼近网络,具有双层权值,收敛速度慢,易于陷入局部极小,因此很难满足控制系统的高度实时性要求。

2.2.2 输入信息的归一化

针对 BP 神经网络,由于网络隐含层节点是 Sigmoid 函数,即 $f(x) = \frac{1}{1+e^{-x}}$,如图 2.3

所示(仿真程序为 chap2_1.m),可见,如果输入数据 x 值过大,会造成隐含层的节点输出为 1.0,导致网络对输入的激活无效。为此,需要对网络的输入进行归一化处理。

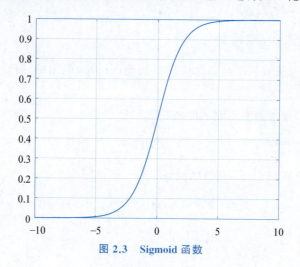

图 2.3 Sigmoid 函数

输入参数 $x_i(i=1,2,\cdots,n)$ 归一化为范围 $[-1,1]$ 的方法为

$$x'_i = \frac{x_i - x_{\min}}{x_{\max} - x_{\min}} \tag{2.3}$$

其中 $x_{\max}$ 和 $x_{\min}$ 分别为参数 x_i 的最大值和最小值。

数据集中,由于每个输入参数取值范围不同,应分别针对每个参数进行归一化。例如,有 3 个输入参数,取值分别为 [1 10 100]、[2 20 200]、[3 30 300],将每一个参数表示为一列,则可表示为矩阵的形式

$$\boldsymbol{x} = \begin{bmatrix} 1 & 10 & 100 \\ 2 & 20 & 200 \\ 3 & 30 & 300 \end{bmatrix}$$

采用式 $x'_i = \dfrac{x_i - x_{\min}}{x_{\max} - x_{\min}}$,对数据矩阵的每一列参数进行归一化,归一化仿真程序为 chap2_2.m。仿真程序中,采用两种方法进行归一化,取 $M=1$,分别对每一列数据归一化;取 $M=2$,利用 MATLAB 的矩阵计算方法对数据集矩阵直接进行归一化,两种方式归一化后的结果都为

$$\boldsymbol{x}' = \begin{bmatrix} 0 & 0 & 0 \\ 0.5 & 0.5 & 0.5 \\ 1 & 1 & 1 \end{bmatrix}$$

归一化仿真程序:chap2_2.m

```
clear all;
close all;
x=[1 10 100;2 20 200;3 30 300];

M=2;
```

```
if M==1
x1=x(:,1);x2=x(:,2);x3=x(:,3);
x1_L =min(x1);x1_H =max(x1);
x2_L =min(x2);x2_H =max(x2);
x3_L =min(x3);x3_H =max(x3);

x1_norm= (x1-ones(3,1) * x1_L)/(x1_H-x1_L);
x2_norm= (x2-ones(3,1) * x2_L)/(x2_H-x2_L);
x3_norm= (x3-ones(3,1) * x3_L)/(x3_H-x3_L);
x_new=[x1_norm x2_norm x3_norm];
elseif M==2
x_L =min(x);
x_H =max(x);
x_new= (x-ones(3,1) * x_L)./(ones(3,1) * (x_H-x_L));
end
```

2.2.3 多入多出样本的 BP 网络离线学习算法

由于神经网络具有自学习、自组织和并行处理等特征,并具有很强的容错能力和联想能力,因此神经网络具有逼近和预测的能力。

BP 网络的训练过程如下:正向传播是输入信号从输入层经隐含层传向输出层,若输出层得到期望的输出,则学习算法结束;否则转至反向传播。

用于训练的 BP 网络结构如图 2.4 所示。

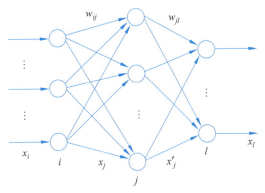

输入层节点　　隐含层节点　　输出层节点

图 2.4　用于训练的 BP 网络结构

网络的学习算法如下。

(1) 前向传播:计算网络的输出。

隐含层神经元的输入为所有输入的加权之和:

$$x_j = \sum_i w_{ij} x_i \tag{2.4}$$

隐含层神经元的输出 x_j' 采用 Sigmoid 函数激活 x_j:

$$x'_j = f(x_j) = \frac{1}{1+e^{-x_j}} \tag{2.5}$$

则

$$\frac{\partial x'_j}{\partial x_j} = x'_j(1-x'_j)$$

输出层神经元的输出：

$$x_l = \sum_j w_{jl} x'_j \tag{2.6}$$

网络第 l 个输出与相应理想输出 x_l^0 的误差为

$$e_l = x_l^0 - x_l$$

第 p 个样本的误差性能指标函数为

$$E_p = \frac{1}{2} \sum_{l=1}^{N} e_l^2 \tag{2.7}$$

其中 N 为网络输出层的个数。

每次迭代时，依次对各个样本进行训练，更新权值，直到所有样本训练完毕，再进行下一次迭代，直到满足要求为止。

(2) 反向传播：采用梯度下降法，调整各层间的权值。权值的学习算法如下。

输出层及隐含层的连接权值 w_{jl} 学习算法为

$$\Delta w_{jl} = -\eta \frac{\partial E_p}{\partial w_{jl}} = \eta e_l \frac{\partial x_l}{\partial w_{jl}} = \eta e_l x'_j$$

w_{jl} 网络权值更新算法如下。

$$w_{jl}(k+1) = w_{jl}(k) + \Delta w_{jl}$$

其中 k 为迭代次数。

隐含层及输入层连接权值 w_{ij} 学习算法为

$$\Delta w_{ij} = -\eta \frac{\partial E_p}{\partial w_{ij}} = \eta \sum_{l=1}^{N} e_l \frac{\partial x_l}{\partial w_{ij}}$$

其中 $\frac{\partial x_l}{\partial w_{ij}} = \frac{\partial x_l}{\partial x'_j} \cdot \frac{\partial x'_j}{\partial x_j} \cdot \frac{\partial x_j}{\partial w_{ij}} = w_{jl} \cdot \frac{\partial x'_j}{\partial x_j} \cdot x_i = w_{jl} \cdot x'_j(1-x'_j) \cdot x_i$。

w_{ij} 网络权值更新算法如下。

$$w_{ij}(k+1) = w_{ij}(k) + \Delta w_{ij}$$

如果考虑上次权值对本次权值变化的影响，需要加入动量因子 α，此时的权值为

$$w_{jl}(k+1) = w_{jl}(k) + \Delta w_{jl} + \alpha(w_{jl}(k) - w_{jl}(k-1)) \tag{2.8}$$

$$w_{ij}(k+1) = w_{ij}(k) + \Delta w_{ij} + \alpha(w_{ij}(k) - w_{ij}(k-1)) \tag{2.9}$$

其中 η 为学习速率，α 为动量因子，$\eta \in [0,1]$，$\alpha \in [0,1]$。

2.2.4 仿真实例：样本的离线训练与测试

取标准样本为 3 个输入 2 个输出的样本，如表 2.1 所示。

BP 网络为 3-6-2 结构，权值 W_{ij}、W_{jl} 的初始值取 $[-1,+1]$ 的随机值，学习参数取 $\eta = 0.50$，$\alpha = 0.05$。

第 2 章 BP 神经网络设计

表 2.1 训练样本

输	入		输	出
1	0	0	1	0
0	1	0	0	0.5
0	0	1	0	1

BP 网络模式识别程序包括网络训练程序 chap2_3a.m 和网络测试程序 chap2_3b.m。

运行程序 chap2_3a.m,取网络训练次数为 100 次,可得训练误差指标为 $E=7.2539*10^{-27}$,网络训练指标的变化如图 2.5 所示。将网络训练最终的权值用于模式识别的知识库,并将其保存在文件 wfile1.dat 中。

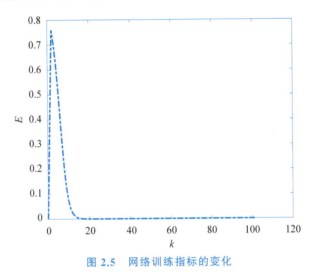

图 2.5 网络训练指标的变化

仿真程序中,用 W_1、W_2 代表 W_{ij}、W_{jl},用 Iout 表示 x'_j。运行程序 chap2_3b.m,调用文件 wfile1.dat,取一组实际样本进行测试,测试样本及测试结果见表 2.2。由仿真结果可见,BP 网络具有很好的拟合能力。

表 2.2 测试样本及测试结果

输	入		输	出
0.970	0.001	0.001	0.9805	0.0148
0.000	0.980	0.000	0.0033	0.5009
0.002	0.000	1.040	−0.0038	1.0136
0.500	0.500	0.500	0.4507	0.4791
1.000	0.000	0.000	1.0000	−0.0000
0.000	1.000	0.000	0.0000	0.5000
0.000	0.000	1.000	−0.0000	1.0000

仿真程序:

(1) BP 神经网络训练程序: chap2_3a.m。

```
%多输入多输出样本的 BP 网络离线训练
clear all;
close all;

xite=0.50;
alfa=0.05;

w2=rands(6,2);
w2_1=w2;w2_2=w2_1;

w1=rands(3,6);
w1_1=w1;w1_2=w1;
dw1=0*w1;

I=[0,0,0,0,0,0]';
Iout=[0,0,0,0,0,0]';
FI=[0,0,0,0,0,0]';

OUT=2;
k=0;
E=1.0;
NS-3;

%while E>=1e-020
for k=1:1:100
k=k+1;
times(k)=k;

for s=1:1:NS
xs=[1,0,0;
    0,1,0;
    0,0,1];                  %理想输入
ys=[1,0;
    0,0.5;
    0,1];                    %理想输出

x=xs(s,:);
for j=1:1:6
    I(j)=x*w1(:,j);
    Iout(j)=1/(1+exp(-I(j)));
end

y1=w2'*Iout;
y1=y1';

e1=0;
```

```
y=ys(s,:);
for l=1:1:OUT
    el=el+0.5*(y(l)-yl(l))^2;         %输出误差
end

E=0;
if s==NS
    for s=1:1:NS
        E=E+el;
    end
end
el=y-yl;

w2=w2_1+xite*Iout*el+alfa*(w2_1-w2_2);

for j=1:1:6
    S=1/(1+exp(-I(j)));
    FI(j)=S*(1-S);
end

for i=1:1:3
    for j=1:1:6
        dw1(i,j)=xite*FI(j)*x(i)*(el(1)*w2(j,1)+el(2)*w2(j,2));
    end
end
w1=w1_1+dw1+alfa*(w1_1-w1_2);

w1_2=w1_1;w1_1=w1;
w2_2=w2_1;w2_1=w2;
end                                    %End of for
Ek(k)=E;
end                                    %循环结束
figure(1);
plot(times,Ek,'-or','linewidth',2);
xlabel('k');ylabel('E');
E

save wfile1 w1 w2;
```

(2) BP 神经网络测试程序: chap2_3b.m。

```
%BP 测试
clear all;
load wfile1 w1 w2;

%N 样本
x=[0.970,0.001,0.001;
   0.000,0.980,0.000;
```

```
        0.002,0.000,1.040;
        0.500,0.500,0.500;
        1.000,0.000,0.000;
        0.000,1.000,0.000;
        0.000,0.000,1.000];
for i=1:1:7
    for j=1:1:6
      I(i,j)=x(i,:) * w1(:,j);
        Iout(i,j)=1/(1+exp(-I(i,j)));
    end
end
y=w2'*Iout';
y=y'
```

2.2.5 函数在线逼近的 BP 网络学习算法

采用 BP 网络拟合正弦函数 $y=f(x)$,其中 x 为输入,y 为实际输出,y_n 为 BP 的输出。将 x 值作为 BP 网络的输入,将输出与网络输出的误差作为拟合的调整信号。

BP 算法的学习过程由前向传播和反向传播组成。网络学习算法如下。

(1) 前向传播:计算网络的输出。

隐含层神经元的输入为所有输入的加权之和:

$$x_j = \sum_i w_{ij} x_i \tag{2.10}$$

隐含层神经元的输出 x'_j 采用 Sigmoid 函数激活 x_j:

$$x'_j = f(x_j) = \frac{1}{1+e^{-x_j}} \tag{2.11}$$

则

$$\frac{\partial x'_j}{\partial x_j} = x'_j(1-x'_j)$$

输出层神经元的输出:

$$y_n(k) = \sum_j w_{j2} x'_j \tag{2.12}$$

其中 k 为迭代次数。

网络输出与理想输出误差为

$$e(k) = y(k) - y_n(k)$$

误差性能指标函数为

$$E = \frac{1}{2} e(k)^2 \tag{2.13}$$

(2) 反向传播:采用 δ 学习算法调整各层间的权值。

根据梯度下降法,权值的学习算法如下。

输出层及隐含层的连接权值 w_{j2} 学习算法为

$$\Delta w_{j2} = -\eta \frac{\partial E}{\partial w_{j2}} = \eta \cdot e(k) \cdot \frac{\partial y_n}{\partial w_{j2}} = \eta \cdot e(k) \cdot x'_j$$

第 $k+1$ 次迭代网络的权值为

$$w_{j2}(k+1)=w_{j2}(k)+\Delta w_{j2}$$

隐含层及输入层连接权值 w_{ij} 学习算法为

$$\Delta w_{ij}=-\eta\frac{\partial E}{\partial w_{ij}}=\eta\cdot e(k)\cdot\frac{\partial y_n}{\partial w_{ij}}$$

其中 $\dfrac{\partial y_n}{\partial w_{ij}}=\dfrac{\partial y_n}{\partial x'_j}\cdot\dfrac{\partial x'_j}{\partial x_j}\cdot\dfrac{\partial x_j}{\partial w_{ij}}=w_{j2}\cdot\dfrac{\partial x'_j}{\partial x_j}\cdot x_i=w_{j2}\cdot x'_j(1-x'_j)\cdot x_i$。

$k+1$ 时刻网络的权值为

$$w_{ij}(k+1)=w_{ij}(k)+\Delta w_{ij}$$

为了避免权值的学习过程发生振荡、收敛速度慢,需要考虑上次权值对本次权值变化的影响,即加入动量因子 α,此时的权值为

$$w_{j2}(k+1)=w_{j2}(k)+\Delta w_{j2}+\alpha(w_{j2}(k)-w_{j2}(k-1)) \tag{2.14}$$

$$w_{ij}(k+1)=w_{ij}(k)+\Delta w_{ij}+\alpha(w_{ij}(k)-w_{ij}(k-1)) \tag{2.15}$$

其中 η 为学习速率,α 为动量因子,$\eta\in[0,1]$,$\alpha\in[0,1]$。

2.2.6 仿真实例:正弦函数的拟合

采用 BP 网络拟合正弦函数 $x=10\sin t$,$y=x^3$,x 的取值范围为 $[-10,10]$,采样间隔为 $\Delta t=0.001$。网络的输入为 x,由于 x 范围较大,其值正过大或负过大时都会造成隐含层节点 Sigmoid 函数映射的输出为 0 或 1,导致映射失效,为此需要对其进行归一化,采用式(2.3)对输入的 x 进行归一化。

神经网络为 1-6-1 结构,权值 w_{ij} 和 w_{j2} 的初始值取 $[-1,+1]$ 的随机值,取 $\eta=0.10$,$\alpha=0.05$。BP 网络逼近程序见 chap2_4.m,分两种情况进行仿真测试:$M=1$ 时,为未采用输入归一化,仿真结果如图 2.6 所示;$M=2$ 时,对输入进行归一化,仿真结果如图 2.7 所示。

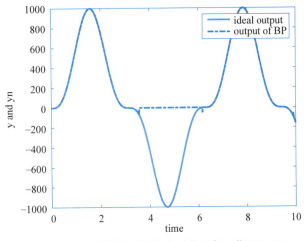

图 2.6 训练后的拟合结果(未对输入归一化,$M=1$)

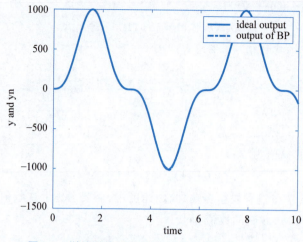

图 2.7 训练后的拟合结果（对输入归一化，$M=2$）

仿真程序：chap2_4.m

```
%BP 网络逼近
clear all;
close all;
xite=0.10;
alfa=0.05;

w2=rands(6,1);
w2_1=w2;w2_2=w2_1;

w1=rands(1,6);
w1_1=w1;w1_2=w1;
dw1=0*w1;

I=[0,0,0,0,0,0]';
Iout=[0,0,0,0,0,0]';
FI=[0,0,0,0,0,0]';

ts=0.001;
for k=1:1:10000
t(k)=k*ts;

x(k)=10*sin(t(k));            %输入

M=1;
if M==1
    xn(k)=x(k);
elseif M==2
    xmin=-10;xmax=10;
    xn(k)=(x(k)-xmin)/(xmax-xmin);
end
```

```
y(k)=x(k)^3;
for j=1:1:6
    I(j)=xn(k)*w1(:,j);
    Iout(j)=1/(1+exp(-I(j)));
end
yn(k)=w2'*Iout;              %NNI 网络输出
e(k)=y(k)-yn(k);             %误差计算

w2=w2_1+xite*e(k)*Iout+alfa*(w2_1-w2_2);
for j=1:1:6
    FI(j)=exp(-I(j))/(1+exp(-I(j)))^2;
end

for i=1:1:1
    for j=1:1:6
        dw1(i,j)=e(k)*xite*FI(j)*w2(j)*x(i);
    end
end
w1=w1_1+dw1+alfa*(w1_1-w1_2);
w1_2=w1_1;w1_1=w1;
w2_2=w2_1;w2_1=w2;
end
figure(1);
plot(t,y,'r',t,yn,'-.b','linewidth',2);
xlabel('time');ylabel('y and yn');
legend('ideal output','output of BP');
```

参 考 文 献

RUMELHART D E, HINTON G E, WILLIAMS R J. Learning internal representations by error propagation[J]. Parallel Distributed Process, 1986(1): 318-362.

思 考 题

1. BP 神经元网络有何特点？分析其优点和缺点。
2. 影响 BP 网络逼近的参数有哪些？如何进一步增加 BP 网络的逼近精度？
3. BP 网络为何能实现样本的逼近？
4. BP 网络隐含层为节点采用 Sigmoid 函数？Sigmoid 函数设计的原则是什么？
5. 为何 BP 网络隐含层通常采用三层？BP 网络逼近精度与隐含层层数的关系如何？
6. 写出 BP 神经网络算法的仿真程序设计流程。
7. 在 BP 网络训练中，如何通过优化理论（如粒子群优化算法等）优化网络参数 η 和 α？
8. 为什么 BP 神经网络在训练时会产生过拟合现象？如何解决？
9. BP 神经网络的输入为何要进行归一化？
10. BP 神经网络目前在理论上和应用上发展现状如何？在哪些领域成功得到了应用？

第3章 基于工具箱的 BP 神经网络训练与测试

MATLAB 仿真软件提供了一个功能强大的 BP 神经网络工具箱函数,该网络具有强大的拟合能力,可以拟合复杂的多输入多输出数据之间的非线性关系,通过训练后的 BP 网络,可以实现针对新输入的输出预测。

使用神经网络 BP 工具箱训练神经网络的一般步骤如下。

(1) 准备数据集:将数据集划分为训练集、验证集和测试集。
(2) 初始化网络:定义神经网络的结构,初始化权重和偏置。
(3) 前向传播:根据当前的权重和偏置计算神经网络的输出。
(4) 计算误差:计算输出与目标值之间的误差。
(5) 反向传播:设计权值和偏置学习算法。
(6) 更新权重和偏置。
(7) 在验证集上评估模型的性能:决定是否停止训练或调整模型参数。
(8) 在测试集上评估模型的性能:使用训练好的模型在测试集上计算误差和性能。

重复步骤(3)~步骤(6),直到达到停止条件(如达到最大迭代次数或误差小于阈值)。

针对神经网络的输入/输出,采用 3.1 节和 3.2 节实现数据的训练与测试。

3.1 BP 神经网络训练

1. 创建网络

网络是一个双层前馈网络,其中在隐含层有一个 Sigmoid 激活函数,在输出层有一个线性激活函数。层的大小值定义隐含神经元的数量,可以在网络窗格中看到网络架构。网络图会更新以反映输入数据。例如,如果数据有 3 个输入和 2 个输出,则可设计具有 1 个隐含层的 BP 网络结构。若网络隐含层节点为 10 个,则网络结构为 3-10-2。

2. 训练网络

第 2 章中的 BP 网络采用了梯度下降法进行权值的学习,为了进一步提高 BP 网络的训练性能,可采用工具箱提供的 Levenberg-Marquardt 算法,该算法是一种用于非线性最小二乘问题的优化算法,它结合了梯度下降法和高斯-牛顿法的特点,旨在提高收敛速度和稳定性。通过自适应地调整步长,以防止步长过大而跳到非预期的局部极小值,逐步逼近最优解。具体来说,Levenberg-Marquardt 算法通过在每次迭代中计算目标函数的梯度信息,并根据这些信息调整步长,使得算法能在不同的优化阶段选择最合适的步长,从而提高优化效率。

BP 网络中,基于 Levenberg-Marquardt 算法的训练函数为 trainlm,该训练方法是 BP

网络默认的训练算法,训练格式为

```
trainFcn ='trainlm';
```

可设置 BP 网络的隐含层数量和隐含层节点。例如,一个具有 3 个隐含层、每个隐含层具有 30 个隐含层节点的神经网络设置方法为

```
hiddenLayerSize =[30 30 30];
net =fitnet(hiddenLayerSize,trainFcn);
```

可将训练数据分成训练集、验证集和测试集。默认设置的数据拆分为:70% 用于训练;15% 用于验证网络是否正在泛化,并在过拟合前停止训练;15% 用于独立测试网络泛化。程序设置为

```
net.divideParam.trainRatio=70/100;
net.divideParam.valRatio=15/100;
net.divideParam.testRatio=15/100;
```

BP 网络的学习率设置方法为

```
net.trainparam.lr=0.1;                %学习率
```

BP 网络训练会一直持续到满足终止条件,终止条件包括训练次数、训练精度、训练梯度等,设置方法为

```
net.trainparam.epochs=300;            %最大训练次数
net.trainparam.goal=1e-3;             %训练精度
net.trainparam.min_grad=1e-10;        %训练梯度很小时则终止
net.trainparam.max_fail=10;           %若连续 10 次方差性能指标无变化则终止
```

在 BP 网络的训练窗口中可以看到训练进度,训练会一直持续到满足停止条件。BP 网络训练函数为 train(),该函数可以训练一个神经网络,是一种通用的学习函数。该训练函数可以不断重复地将一组输入向量应用到某一个神经网络,不断更新神经网络的权值和偏置。当神经网络训练到设定的最大学习步数、最小误差梯度或误差目标等条件后,停止训练。

BP 网络训练格式为

```
[net,tr] =train(net,x1,y1);
```

其中 train() 中的 net 为需要训练的神经网络,x1 为神经网络的输入,y1 为神经网络的目标输出,[net,tr] 中的 net 表示完成训练的神经网络,tr 表示神经网络训练的步数。

通过函数 train() 的训练可得到 tr,从而可以得到每次训练的方差指标 tr.perf,最后可以利用指标计算公式求得训练指标。

可以采用 view(net) 查看神经网络的结构。例如,一个具有 7 个输入 1 个输出、3 个隐

含层,每个隐含层具有 30 个隐含层节点的神经网络结构如图 3.1 所示。

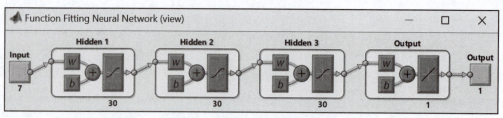

图 3.1 多层 BP 神经网络结构

3.2 BP 神经网络测试

神经网络完成训练后,BP 网络就具有了输入输出非线性映射的能力,体现在训练后的权值和偏置中,其网络结构和权值保存在 BPnet.net 中。利用 sim 函数可以检测训练后的 BP 网络的拟合性能,测试格式如下。

```
y2_test=sim(BPnet.net,x2);
```

其中 x2 为用于测试的输入数据,y2_test 为网络测试的输出。

3.3 仿真实例

例 1 标准输入输出样本的拟合

取标准样本为 3 个样本,每个样本为 3 个输入 2 个输出的样本,如表 3.1 所示。

表 3.1 训练样本

输	入		输	出
1	0	0	1	0
0	1	0	0	0.5
0	0	1	0	1

针对所要解决的问题,首先选择 BP 神经网络的结构,然后设计神经网络算法。本仿真中,数据有 3 个输入和 2 个输出,可设计具有 1 个隐含层的 BP 网络结构,网络隐含层节点为 10 个,即网络结构为 3-10-2。

共 3 组数据,取 100% 作为训练样本,每个样本为 3 个输入,2 个输出。采用神经网络针对样本进行训练和测试,学习速率取 0.10。

运行网络训练程序 chap3_2a.m,将网络训练的最终权值用于模型的知识库,并将其保存在文件 wfile2.mat 中。训练停止后,精度取 net.trainparam.goal=1e-27,运行 view(net) 可得到用于训练的 BP 网络结构,如图 3.2 所示。网络训练的动态过程如图 3.3 所示,根据该图可动态观测当前的训练次数、训练方差及拟合结果。样本训练的收敛过程如图 3.4 所示,可见,随着训练次数的增加,BP 网络的性能逐渐提高。

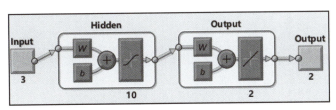

图 3.2　用于训练的 BP 网络结构

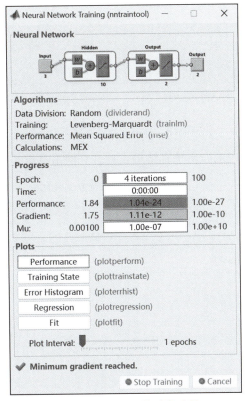

图 3.3　网络训练的动态过程

工具箱的 BP 网络与第 2 章的 2.2.4 节 BP 网络训练结果比较如表 3.2 所示。可见,采用工具箱的 BP 网络,基于 Levenberg-Marquardt 算法的训练函数比基于梯度下降算法的迭代具有更高的精度。

表 3.2　工具箱的 BP 网络与 2.2.4 节 BP 网络训练结果比较

网络名称	网络结构	训练次数	训练精度
工具箱的 BP 网络	3-10-2	5	2.5730e-31
第 2 章的 2.2.4 节 BP 网络	3-10-2	100	2.6328e-20

运行网络测试程序 chap3_2b.m,调用文件 wfile2.mat,取一组实际样本进行测试,测试

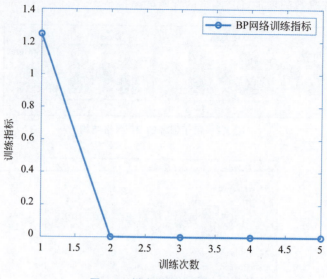

图 3.4　样本训练的收敛过程

样本及测试结果如表 3.3 所示。由仿真结果可见,BP 网络具有很好的拟合能力。

表 3.3　BP 网络测试样本及测试结果

输　　入			输　　出	
0.970	0.001	0.001	0.9829	0.0382
0.000	0.980	0.000	0.0282	0.5143
0.002	0.000	1.040	0.0228	0.9306
0.500	0.500	0.500	0.5395	0.4436
1.000	0.000	0.000	1.0000	−0.0000
0.000	1.000	0.000	0.0000	0.5000
0.000	0.000	1.000	−0.0000	1.0000

仿真程序：

(1) BP 网络训练程序：chap3_1a.m。

```
clear all;
close all;

T1=1:3;

x1=[1,0,0;
    0,1,0;
    0,0,1];                              %理想输入
y1=[1,0;
    0,0.5;
```

```
             0,1];                             %理想输出

n_x=size(x1,2);
n_y=size(y1,2);
NS=size(x1,1);

trainFcn='trainlm';                            %采用Levenberg-Marquardt算法训练

%产生BP网络
hiddenLayerSize=[10];
net=fitnet(hiddenLayerSize,trainFcn);          %产生一个具有隐含层节点的神经网络

%设计训练集、验证集和测试集
net.divideParam.trainRatio=70/100;
net.divideParam.valRatio=15/100;
net.divideParam.testRatio=15/100;
net.trainparam.lr=0.1;                         %学习率

net.trainparam.epochs=100;                     %最大训练次数
net.trainparam.goal=1e-27;                     %训练精度
net.trainparam.min_grad=1e-10;                 %训练梯度很小时,表示学习精度很小,则终止
net.trainparam.max_fail=10;                    %若连续10次performance无变化,则终止
x1=x1';
y1=y1';
%训练网络
[net,tr]=train(net,x1,y1);
%训练网络,可得到每次训练的tr,从而得到每次训练的均方差指标tr.perf

%测试网络
y1_test=net(x1);
e=gsubtract(y1,y1_test);                       %训练误差,为两个向量相减
performance=perform(net,y1,y1_test);           %给出网络的性能指标

%显示网络结构
%view(net)

ZB=tr.perf;                                    %方差指标
figure(1);
plot(1:size(ZB,2),ZB(1,:),'o-','linewidth',2);
xlabel('训练次数');ylabel('训练指标');
legend('BP网络训练指标');

save('wfile2.mat','net');
```

(2) BP网络测试程序：chap3_1b.m。

```
clear all;
close all;
BPnet=load('wfile2.mat');

%样本
```

```
x2=[0.970,0.001,0.001;
    0.000,0.980,0.000;
    0.002,0.000,1.040;
    0.500,0.500,0.500;
    1.000,0.000,0.000;
    0.000,1.000,0.000;
    0.000,0.000,1.000];

x2=x2';
y2_test=sim(BPnet.net,x2);
y2=y2_test'
```

例 2 函数的拟合

采用 BP 网络拟合正弦函数 $y=\sin x$,x 的取值范围为 $[0,10]$,采样间隔为 $\Delta x=0.001$。采用如下步骤构造 BP 网络,实现函数的拟合。

1. 创建网络

本仿真中,有 1 个输入和 1 个输出,针对每个输出设计神经网络进行训练,可设计具有 1 个隐含层的 BP 网络结构,网络隐含层节点为 5 个,即网络结构为 1-5-1。

2. 训练网络

BP 网络中,基于 Levenberg-Marquardt 算法的训练函数为 trainlm,该训练方法是 BP 网络默认的训练算法,表示为 trainFcn = 'trainlm',设计 1 个隐含层、5 个隐含层节点,表示为 hiddenLayerSize =[5],通过 net = fitnet(hiddenLayerSize,trainFcn)构造一个 1 个隐含层、5 个隐含层节点,训练函数为 trainlm 的神经网络。

BP 网络有许多参数可以设置,本例中只设计两种训练终止条件,采用训练次数或训练精度设置终止条件,取最大训练次数 20,训练精度取 1e-4,表示为 net.trainparam.epochs = 20,net.trainparam.goal=1e-4。其余参数使用默认值。

BP 网络训练格式为[net] = train(net,x,y),其中 net 为需要训练的神经网络,x 为网络输入,y 为网络目标输出。采用 view(net)查看神经网络的结构,如图 3.5 所示。网络训练的动态显示如图 3.6 所示,根据该图可动态观测当前的训练次数、训练方差及拟合结果。样本训练的收敛过程和训练后的拟合结果分别如图 3.7 和图 3.8 所示。

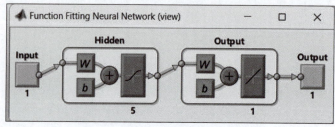

图 3.5 用于训练的 BP 网络结构

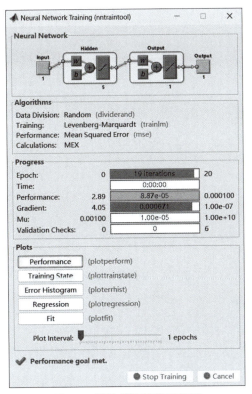

图 3.6　网络训练的动态显示

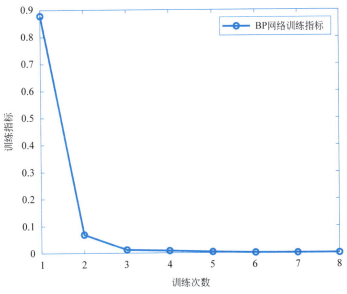

图 3.7　样本训练的收敛过程

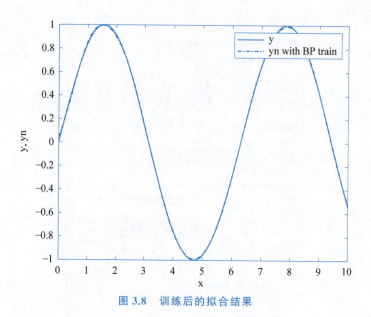

图 3.8 训练后的拟合结果

仿真程序：chap3_2.m

```
clear all;
close all;
k=0:1:10000;
dx=0.001;
x=k*dx;
y=sin(x);                                   %输入 x,输出 y

trainFcn ='trainlm';                        %采用 Levenberg-Marquardt 算法训练
hiddenLayerSize =[5];                       %隐含层节点数量
net =fitnet(hiddenLayerSize,trainFcn);      %产生一个具有隐含层节点的神经网络
net.trainParam.epochs=20;                   %训练次数
net.trainParam.goal=1e-4;                   %训练精度

[net,tr]=train(net,x,y);                    %开始训练
view(net);                                  %显示网络结构

yn=net(x);                                  %训练后的网络输出
performance=perform(net,y,yn);              %给出网络的性能指标

ZB=tr.perf;                                 %方差指标
figure(1);
plot(1:size(ZB,2),ZB(1,:),'o-','linewidth',2);
xlabel('训练次数');ylabel('训练指标');
legend('BP 网络训练指标');
```

```
figure(2);
plot(x,y,'r',x,yn,'-.k','linewidth',1);
xlabel('x');ylabel('y,yn');
legend('y','yn with BP train');
```

思 考 题

1. 使用 BP 网络工具箱进行训练,网络训练的各个参数的作用分别是什么?

2. 使用 BP 网络工具箱进行训练,影响训练精度的核心参数有哪几个? 如何调节这些参数,使得训练精度得到提升?

3. 如何合理地将数据集分成训练集、验证集和测试集?

4. 与第 2 章的 BP 网络设计方法相比,采用 BP 网络工具箱函数进行设计有何优点和不足?

第4章 基于 BP 网络的数据拟合与误差补偿

采用神经网络可以以任意精度逼近任意数据,尤其适用于非线性问题。研究复杂实际工程问题时,往往需要根据实际对象建立对应的模型。建立模型时,由于简化和环境变化等因素影响,可能存在建模误差。为了更好地研究所需要解决的问题,需要进行误差补偿。误差补偿就是构造出一种新的补偿数据去抵消原有的误差,从而达到减少模型输出误差,提高输出精度的目的。误差补偿在仪器测量、机器人、数控机床等领域应用广泛。

实际系统中,由于测量传感器的偏差,其实验数据的输出与真实输出之间存在偏差。为了对实验条件下的输出数据进行修正,可利用神经网络建立数据输入与测量输出拟合模型,然后计算测量输出与真实输出之间的误差,建立数据输入与误差输出的拟合模型,从而实现实验数据的修正。

4.1 BP 网络的拟合

针对 BP 网络的输入、输出,采用如下步骤实现数据的建模。

1. 创建网络

网络是一个双层前馈网络,其中在隐含层有一个 Sigmoid 激活函数,在输出层有一个线性激活函数。层大小值定义隐藏神经元的数量,可以在网络窗格中看到网络架构。网络图会更新以反映输入数据。以第 1 章例 2 中的体脂数据集拟合为例,有 13 个输入和 1 个输出,针对每个输出设计神经网络进行训练,可设计具有 3 个隐含层的 BP 网络结构,网络隐含层节点为 30 个,即网络结构为 13-30-30-30-1。

2. 训练网络

BP 网络中,基于 Levenberg-Marquardt 算法的训练函数为 trainlm,该训练方法是 BP 网络默认的训练算法,训练格式为

```
trainFcn = 'trainlm';
```

可设置 BP 网络的隐含层数量和隐含层节点,例如,一个具有 3 个隐含层、每个隐含层具有 30 个隐含层节点的神经网络设置方法为

```
hiddenLayerSize = [30 30 30];
net = fitnet(hiddenLayerSize,trainFcn);
```

可将训练数据分成训练集、验证集和测试集。默认设置的数据拆分为:70% 用于训练;15% 用于验证网络是否正在泛化,并在过拟合前停止训练;15% 用于独立测试网络泛

第4章 基于BP网络的数据拟合与误差补偿

化。程序设置为

```
net.divideParam.trainRatio=70/100;
net.divideParam.valRatio=15/100;
net.divideParam.testRatio=15/100;
```

BP网络的学习率设置方法为

```
net.trainparam.lr=0.1;              %学习率
```

BP网络训练会一直持续到满足终止条件。终止条件包括最大训练次数、训练精度、训练梯度等，设置方法为

```
net.trainparam.epochs=300;          %最大训练次数
net.trainparam.goal=1e-3;           %训练精度
net.trainparam.min_grad=1e-10;      %训练梯度很小时终止
net.trainparam.max_fail=10;         %若连续10次方差性能指标无变化,则终止
```

在BP网络的训练窗口中，可以看到训练进度，训练会一直持续到满足停止条件。BP网络训练函数为train()，该函数可以训练一个神经网络，是一种通用的学习函数。该训练函数可以不断重复地将一组输入向量应用到某一个神经网络，不断更新神经网络的权值和偏置。当神经网络训练到设定的最大学习步数、最小误差梯度或误差目标等条件后，停止训练。

BP网络的训练格式为

```
[net,tr]=train(net,x1,y1);
```

其中train()中的net为需要训练的神经网络，x1为神经网络的输入，y1为神经网络的目标输出，[net,tr]中的net为完成训练的神经网络，tr为神经网络训练的步数。

通过函数train()的训练可得到tr，可以得到每次训练的方差指标tr.perf，从而可以利用指标计算公式求得训练指标。

4.2 数据拟合与误差补偿机理

实际系统中，由于测量传感器的偏差，其实验数据的输出与真实输出之间存在偏差。由于系统的输入与输出之间存在某种非线性关系，为了对实验条件下的输出数据进行修正，可采用3个步骤：首先，利用神经网络建立实验数据输入与测量输出拟合模型；其次，计算测量输出与真实输出之间的误差，并将该误差作为训练的输出，利用神经网络建立实验数据输入与误差输出拟合模型；最后，利用前两步的拟合模型实现实验数据的修正。

步骤1：实验数据的训练

将实验数据中的输入作为神经网络的输入，将实验数据的输出作为网络的输出，采用

BP 网络对输入与输出进行训练,建立实验数据的拟合模型。实验数据样本的神经网络训练示意图如图 4.1 所示。

图 4.1　实验数据样本的神经网络训练示意图

步骤 2：建模误差的提取与训练

将实验数据输入作为样本输入,将偏差作为样本输出,采用神经网络对输入与输出进行训练,实现神经网络对测量偏差的记忆。神经网络误差训练示意图如图 4.2 所示。

步骤 3：实验数据的修正

利用步骤 1 和步骤 2 训练后的两个神经网络 NN1 和 NN2,将实验数据输入作为样本输入,分别得到相应的输出 $\hat{y}$ 和 $\Delta \hat{y}$,利用式 $y_p = \hat{y} + \Delta \hat{y}$,可得到数据的修正输出,实现对实验数据输出的修正,如图 4.3 所示。

图 4.2　神经网络误差训练示意图

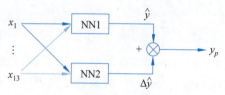

图 4.3　实验数据输出的修正

4.3　仿真实例

以第 1 章例 2 的体脂数据集为例,通过代码 load bodyfat_dataset 获得数据,共 252 组数据,每组数据作为一个样本,每个样本为 13 个输入,1 个输出。

采用 3 个步骤对数据进行拟合,实现实验数据的修正。

为了实现数据建模与修正,分为以下 3 个仿真：①实验输入拟合与测试(chap4_1a.m、chap4_1b.m)；②实验数据与真实数据之差的拟合与测试(chap4_2a.m、chap4_2b.m)；③新的实验数据输出的校准(chap4_3.m)。

上述 3 个仿真中(两个拟合训练程序、一个测试程序)采用的输入相同,且针对拟合的测试数据是在被测试样本的输入、输出基础上加上幅值为 0.001 的随机数。

采用均方误差指标评价数据输入、输出的拟合性能,公式为

$$指标 = \frac{1}{n} \sum_{i=1}^{n} (y_i - y_{p_i})^2$$

4.3.1　BP 网络的训练与测试

取真实样本输出数据值的 85% 作为实验样本的输出,采用 252 组实验数据进行模型训练,采用 252 组新实验数据进行测试,验证神经网络拟合效果。

取 100% 作为训练样本,每个样本为 13 个输入,1 个输出。采用神经网络训练,13 个输入,1 个输出,针对样本进行训练和测试,学习率取 0.10。训练停止精度取 net.trainparam.

goal=1e-10,运行 view(net)可得到用于训练的 BP 网络结构,如图 4.4 所示,根据图 4.4 可动态观测当前的训练次数、训练方差及拟合结果。网络训练的动态显示如图 4.5 所示。训练后的拟合结果如图 4.6 所示,BP 神经网络随训练次数的变化如图 4.7 所示。可见,随着训练次数的增加,BP 网络的性能逐渐提高。神经网络的训练指标见表 4.1。网络完成训练后,训练的网络结构和信息通过程序"save('net_BP_bodyfat.mat','net');"保存在文件 net_BP_bodyfat.mat 中。

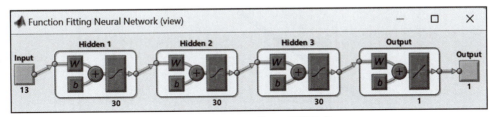

图 4.4　用于训练的 BP 网络结构

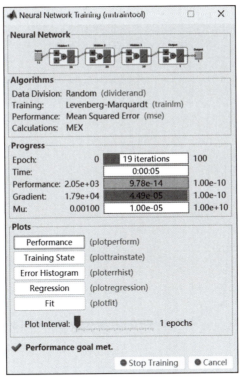

图 4.5　网络训练的动态显示

表 4.1　神经网络的训练指标

网络结构	训练程序	训练方差指标	训练后的方差指标	网络训练结果	测试程序	测试方差指标
BP 网络 13-30-30-30-1	chap4_1a.m	1e-10	9.7790e-14	net_BP.mat	chap4_1b.m	0.3294

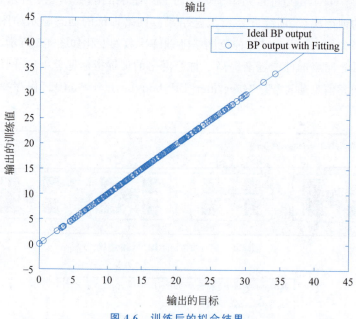

图 4.6 训练后的拟合结果

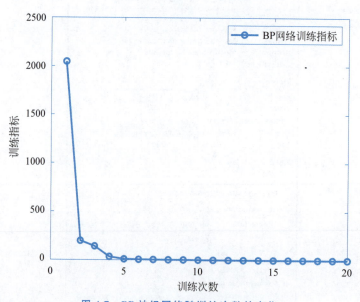

图 4.7 BP 神经网络随训练次数的变化

根据训练的神经网络权值,采用新的样本作为新的输入,进行验证测试。通过程序"BPnet=load('net_BP_bodyfat.mat');"实现网络训练信息的调用。为了保证新样本的输入/输出映射特征与被测试样本一致,新样本是在被测试样本的输入基础上加上幅值为 0.10 的随机数形成的,输出相应的拟合结果,如图 4.8 所示。

BP 网络的训练程序为 chap4_1a.m,BP 网络的测试程序为 chap4_1b.m。由于神经网络的初始权重是随机设定的,所以每次运行的结果可能有所不同。

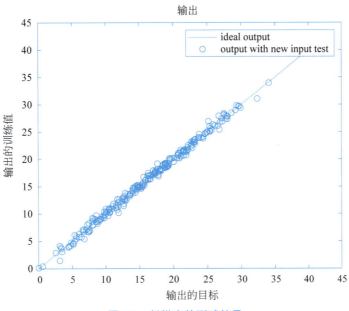

图 4.8 新样本的测试结果

仿真程序：

(1) BP 网络训练程序：chap4_1a.m。

```
clear all;
close all;

load bodyfat_dataset              %MATLAB 内置数据集
[x,y] =bodyfat_dataset;           %真实数据
T=1:252;
x1d=x(1:13,T);                    %理想数据
y1d=y(1:1,T);

x1=x1d;
y1=0.85*y1d;                      %实验数据


n_x = size(x1,2);
n_y = size(y1,2);
NS = size(x1,1);

trainFcn = 'trainlm';             %采用 Levenberg-Marquardt 算法训练

%建立 BP 网络
hiddenLayerSize =[30 30 30];
%hiddenLayerSize =[30];
net = fitnet(hiddenLayerSize,trainFcn);   %产生一个具有隐含层节点的神经网络

%设计网络训练集、验证集和测试集
```

```
net.divideParam.trainRatio=100/100;
net.divideParam.valRatio=0/100;
net.divideParam.testRatio=0/100;
net.trainparam.lr=0.1;                    %学习率

net.trainparam.epochs=100;                %最大训练次数
net.trainparam.goal=1e-10;                %训练精度
net.trainparam.min_grad=1e-10;            %训练梯度很小时,表示学习精度很小,则终止
net.trainparam.max_fail=10;               %若连续 10 次 performance 无变化,则终止

%训练网络
[net,tr]=train(net,x1,y1);                %训练网络,可得到每次训练的 tr,从而得到每
                                          %次训练的均方差指标 tr.perf

%测试网络
y1_test =net(x1);
%e =gsubtract(y1,y1_test);                %训练误差,为两个向量相减
performance =perform(net,y1,y1_test)      %给出网络的性能指标

%显示网络结构
%view(net)

figure(1);
plot(y1(1,:),y1(1,:),'r');
title('输出')
xlabel('输出的目标')
ylabel('输出的训练值')
hold on
%scatter(y1_test(1,:),y1(1,:),'blue');
scatter(y1(1,:),y1_test(1,:),'blue');
hold off
ZB=tr.perf;                               %方差指标
legend('Ideal BP output','BP output with Fitting');
figure(2);
plot(1:size(ZB,2),ZB(1,:),'o-','linewidth',2);
xlabel('训练次数');ylabel('训练指标');
legend('BP 网络训练指标');

save('net_BP_bodyfat.mat','net');
```

(2) BP 网络测试程序:chap4_1b.m。

```
clear all;
close all;
load bodyfat_dataset
BPnet=load('net_BP_bodyfat.mat');
[x,y]=bodyfat_dataset;

T=1:252;
```

```
x1d=x(1:13,T);                    %理想数据
y1d=y(1:1,T);

x1=x1d;                           %实验数据
y1=0.85 * y1d;

%测试新样本
x2=x1+0.10 * rands(13,252);
y2=y1;

y2_test=sim(BPnet.net,x2);

figure(1);
plot(y2(1,:),y2(1,:),'r');
title('输出')
xlabel('输出的目标');ylabel('输出的训练值');
hold on
scatter(y2(1,:),y2_test(1,:),'blue');
hold off

e_test=y2-y2_test;
performance_BP=sum(e_test'.^2)/size(e_test',1);
disp("Test:")
disp("Mean square error of each output");
disp(performance_BP);

legend('ideal output','output with new input test');
```

4.3.2 针对测试误差的 BP 网络训练与测试

在 4.3.1 节基础上，结合实验数据和真实数据，可得误差数据样本，则测量误差样本数据的输出为真实数据输出－实验样本数据输出＝0.15×真实数据输出，该样本反映了实验条件下的测量误差。

共 252 组测试误差数据，取 100% 作为训练样本，每个样本为 13 个输入，1 个输出。采用神经网络训练，13 个输入，1 个输出，针对样本进行训练和测试，学习率取 0.10，训练停止精度取 net.trainparam.goal＝1e-10。训练后的拟合结果如图 4.9 所示，BP 网络训练方差随着训练次数的变化如图 4.10 所示。可见，随着训练次数的增加，BP 网络的性能逐渐提高。网络完成训练后，训练的网络结构和信息通过程序"save('net_BP_bodyfat_e.mat','net');"保存在文件 net_BP_bodyfat_e.mat 中。

根据训练的神经网络权值，采用新的样本作为新的输入，进行验证测试。为了保证新样本的输入、输出映射特性与被测试样本一致，新样本输入是在被测试样本的输入基础上加上幅值为 0.10 的随机数形成的。通过程序"BPnet＝load('net_BP_bodyfat_e.mat');"实现网络训练信息的调用。输出相应的拟合结果，如图 4.11 所示。

仿真程序：

(1) BP 网络训练程序：chap4_2a.m。

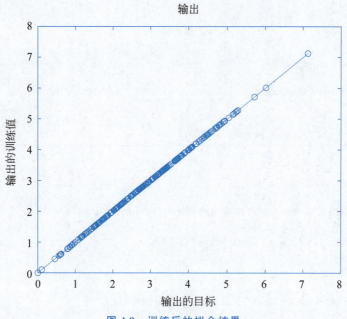

图 4.9 训练后的拟合结果

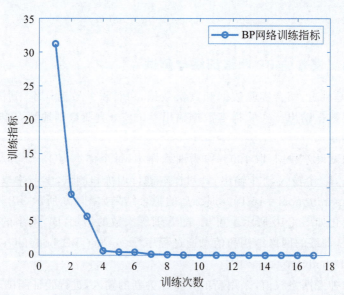

图 4.10 BP 网络训练方着随着训练次数的变化

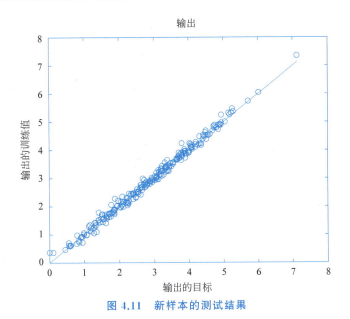

图 4.11　新样本的测试结果

```
clear all;
close all;

load bodyfat_dataset              %MATLAB 内置数据集
[x,y]=bodyfat_dataset;            %理想数据
T=1:252;
x1d=x(1:13,T);
y1d=y(1:1,T);

x1=x1d;
y1=0.85*y1d;                      %实验数据

%误差=理想数据-实验数据
xe=x1d;
ye=0.15*y1d;

n_x =size(xe,2);
n_y =size(ye,2);
NS =size(xe,1);

trainFcn ='trainlm';              %采用 Levenberg-Marquardt 算法训练

%生成 BP 网络
hiddenLayerSize =[30 30 30];
%hiddenLayerSize =[30];
net =fitnet(hiddenLayerSize,trainFcn);  %产生一个具有隐含层节点的神经网络

%设计训练集、验证集和测试集
net.divideParam.trainRatio=100/100;
net.divideParam.valRatio=0/100;
net.divideParam.testRatio=0/100;
```

```
net.trainparam.lr=0.1;                    %学习率

net.trainparam.epochs=100;                %最大训练次数
net.trainparam.goal=1e-10;                %训练精度
net.trainparam.min_grad=1e-10;            %训练梯度很小时,表示学习精度很小,则终止
net.trainparam.max_fail=10;               %若连续10次performance无变化,则终止

%训练网络
[net,tr]=train(net,xe,ye);                %训练网络,可得到每次训练的tr,从而得到每
                                          %次训练的均方差指标tr.perf

%测试网络
ye_test =net(xe);
%e =gsubtract(y1,y1_test);                %训练误差,为两个向量相减
performance =perform(net,ye,ye_test)      %给出网络的性能指标

%显示网络结构
%view(net)

figure(1);
plot(ye(1,:),ye(1,:),'r');
title('输出')
xlabel('输出的目标')
ylabel('输出的训练值')
hold on
%scatter(y1_test(1,:),y1(1,:),'blue');
scatter(ye(1,:),ye_test(1,:),'blue');
hold off
ZB=tr.perf;                               %方差指标
figure(2);
plot(1:size(ZB,2),ZB(1,:),'o-','linewidth',2);
xlabel('训练次数');ylabel('训练指标');
legend('BP网络训练指标');

save('net_BP_bodyfat_e.mat','net');
```

(2) BP 网络测试程序:chap4_2b.m。

```
clear all;
close all;
load bodyfat_dataset
BPnet=load('net_BP_bodyfat_e.mat');
[x,y]=bodyfat_dataset;

T=1:252;
x1d=x(1:13,T);                            %理想数据
y1d=y(1:1,T);

x1=x1d;
```

```
y1=0.85 * y1d;                                          %实验数据
%误差=理想数据-实验数据
xe=x1d;
ye=0.15 * y1d;

%测试新样本
xe1=xe+0.10 * rands(13,252);

ye_test=sim(BPnet.net,xe1);

figure(1);
plot(ye(1,:),ye(1,:),'r');
title('输出')
xlabel('输出的目标')
ylabel('输出的训练值')
hold on
scatter(ye(1,:),ye_test(1,:),'blue');
hold off

e_test=ye-ye_test;
performance_BP=sum(e_test'.^2)/size(e_test',1);         %网络输出与理想输出的均方误差
disp("Test:")
disp("Mean square error of each output");
disp(performance_BP);
```

4.3.3 实验数据的误差补偿

在 4.3.1 节和 4.3.2 节基础上，第三步进行实验数据的误差补偿，用于测试的新样本输入是在原有测试样本输入基础上加上幅值为 0.10 的随机数形成的。

采用 4.3.1 节生成的网络"net_BP_bodyfat.mat"求得 $\hat{y}$，采用 4.3.2 节生成的网络"net_BP_bodyfat_e.mat"求得 $\Delta\hat{y}$，然后采用 $y_p = \hat{y} + \Delta\hat{y}$ 实现测试数据的有效补偿，如图 4.12 所

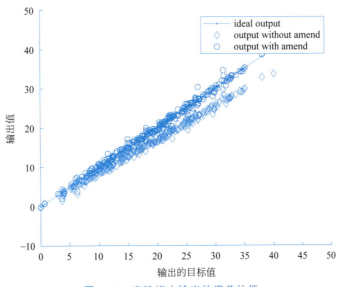

图 4.12 实验样本输出的误差补偿

示,其中直线为理想的输出,圆圈为校正后的输出,菱形为校正前的输出。

仿真程序:BP 网络修正程序:chap4_3.m。

```matlab
clear all;
close all;

load bodyfat_dataset                                    %MATLAB 内置数据集
[x,y]=bodyfat_dataset;                                  %理想数据
T=1:252;
x1d=x(1:13,T);
yd=y(1:1,T);

%实验数据
x1=x1d+0.10*rands(13,252);

figure(1);
hold on;
net=load('net_BP_bodyfat.mat');
net_pc=load('net_BP_bodyfat_e.mat');

n_x =size(x1,2);
n_y =size(yd,2);
NS =size(x1,1);

y1_test=sim(net.net,x1);                                %基于实验数据拟合的估计
y1_pc=sim(net_pc.net,x1);                               %实验数据与真实数据偏差的估计

y1_amend=y1_test+y1_pc;                                 %补偿后的输出

figure(1);
plot(yd(:),yd(:),'.-r','linewidth',0.5);
hold on;
scatter(yd(:),y1_test(:),'blue','d');
hold on;
scatter(yd(:),y1_amend(:),'black');
hold off;
xlabel('输出的目标值');ylabel('输出值');

e_test=yd-y1_amend;
performance_BP=sum(e_test'.^2)/size(e_test',1);         %网络输出与理想输出的均方误差
disp("Test:")
disp("Mean square error of each output");
disp(performance_BP);
legend('ideal output','output without amend','output with amend');
```

思 考 题

1. BP 网络训练中，Levenberg-Marquardt 算法有何特点？它与其他算法有何区别？
2. 采用 BP 网络工具箱进行拟合，影响 BP 网络拟合精度的参数有哪些？如何进一步提高 BP 网络拟合逼近精度？
3. 如何设计 BP 网络隐含层数量？BP 网络隐含层数量与拟合精度有何关系？
4. BP 网络进行测量数据的误差补偿原理是什么？如何进一步提高误差补偿精度？
5. 本章的实例中，如果实验数据为多入多出，如何进行设计和仿真实现？

第 5 章 模糊 BP 神经网络数据拟合与误差补偿

模糊 BP 神经网络是在 BP 神经网络的基础上,采用高斯基函数针对网络输入进行模糊化,针对每个网络输入设计多个基函数进行模糊特征提取,将模糊化后的输出作为 BP 网络的输入,其优点是降低网络的过拟合,进一步提高神经网络的泛化能力。

5.1 模糊 BP 神经网络

由于高斯基函数的输出范围为(0,1],同时对网络的输入信号起到了归一化的作用,从而更有效地激活了网络输入。基于高斯基函数特征提取的 BP 神经网络结构如图 5.1 所示。

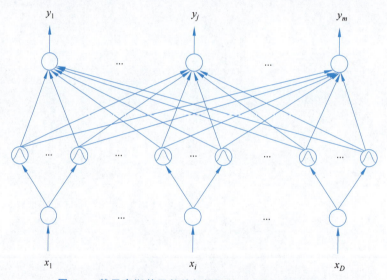

图 5.1 基于高斯基函数特征提取的 BP 神经网络结构

采用高斯基函数作为基函数对输入进行模糊化,c_{ij} 和 b_j 分别是第 i 个输入变量 x_i 的第 j 个模糊集合基函数的中心点位置和宽度。

$$h(i,j) = \exp\left(-\frac{(x_i - c_{ij})^2}{b_j^2}\right)$$

其中 $i=1,2,\cdots,13; j=1,2,3$。

在高斯基函数模糊化中,针对输入数据的变化范围,利用 MATLAB 的 linspace 函数及隐含层节点数量,将 c_{ij} 和 b_j 值设计在输入参数有效的映射范围内,否则高斯基函数将不能保证对输入信号的有效映射,导致网络失效。

以第 1 章例 1 的体脂数据集为例,通过代码 load bodyfat_dataset 获得数据,共 252 组数据,每组数据作为一个样本,每个样本共有 14 个参数,数据集为 252 行、14 列的矩阵,前

13 列为输入,第 14 列为输出。针对 13 个输入参数进行基函数模糊化,仿真程序为 chap5_1.m。每个参数共 252 个值,以第 1 个、第 7 个和第 13 个参数为例(分别取 $M=1,2,3$),经过高斯基函数激活后的输出如图 5.2~图 5.4 所示。

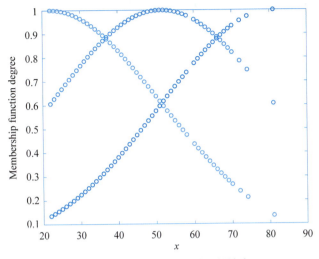

图 5.2　第 1 个输入参数的高斯基函数输出($M=1$)

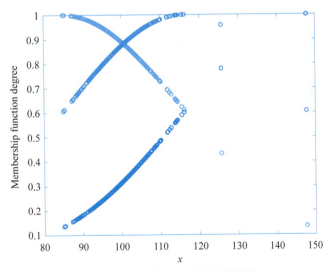

图 5.3　第 7 个输入参数的高斯基函数输出($M=2$)

高斯基函数模糊化仿真程序:chap5_1.m

```
%高斯基函数设计
clear all;
close all;
load bodyfat_dataset
[X,Y]=bodyfat_dataset;
T=1:252;
```

```
X=X';

M=3;
if M==1
    x=X(T,1:1);
elseif M==2
    x=X(T,7:7);
elseif M==3
    x=X(T,13:13);
end

x_L=min(x);
x_H=max(x);

n_x=1;
n_c=3;
for i =1:n_x
    c(i,:) =linspace(x_L(i),x_H(i),n_c);
    bj(i) =1*(x_H(i) -x_L(i))/(n_c-1);
    %bj(i) =10;
end

h=[0 0 0];

for k=1:252
for j=1:1:3
    h(j)=exp(-norm(x(k)-c(:,j))^2/(2*bj^2));
end
%5个高斯函数
h1(k)=h(1);h2(k)=h(2);h3(k)=h(3);
end
figure(1);
plot(x,h1,'ro',x,h2,'bo',x,h3,'ko','linewidth',1,'MarkerSize',4.5);
xlabel('x');ylabel('Membership function degree');
```

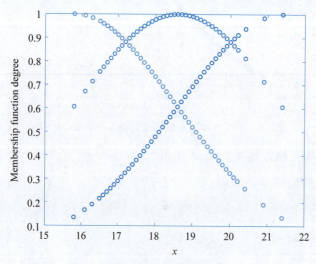

图 5.4　第 13 个输入参数的高斯基函数输出（$M=3$）

针对输入信号进行特征提取后,作为 BP 网络的输入,其数据拟合与误差补偿的方法同第 4 章。

5.2 仿真实例

采用 MATLAB 的 BP 网络工具箱进行仿真测试,模糊 BP 网络的创建与训练方法可参考第 4 章的"4.1 BP 网络的拟合"一节,并根据"4.2 数据拟合与误差补偿机理",参考"4.3 仿真实例",实现体脂数据集的模糊 BP 网络拟合与误差补偿,从而实现体脂率的预测。

以第 1 章例 2 的体脂数据集为例,通过代码 load bodyfat_dataset 获得数据,共 252 组数据,作为真实的样本,每组数据作为一个样本,前 13 个参数作为输入,第 14 个参数作为输出,故每个样本为 13 个输入,1 个输出。

设计模糊 BP 网络,采用 3 个隐含层的 BP 网络,针对 13 个输入,每个输入采用高斯基函数模糊化成 3 个映射值,共有 $13 \times 3 = 39$ 个映射值,然后 39 个映射作为 BP 网络的输入,构成了模糊 BP 网络。网络结构为 13-39-30-30-1,设计相关的训练参数(如学习率、训练精度、最小梯度等)进行训练。

为了实现数据拟合与误差补偿,采用以下 3 步进行仿真:①实验数据拟合与测试(chap5_2.m);②实验数据与真实数据之差的拟合与测试(chap5_3.m);③新的实验数据输出的补偿(chap5_4.m)。上述 3 个仿真(两个拟合训练程序、一个测试程序)中所采用的输入相同,其示意图见第 4 章 4.2 节的图 4.1~图 4.3。

采用均方误差指标评价数据输入、输出的拟合性能,表达式为

$$指标 = \frac{1}{N} \sum_{i=1}^{n} (y_i - \hat{y}_i)^2$$

其中 y_i 为理想输出,$\hat{y}_i$ 为网络的拟合输出。

5.2.1 实验数据拟合与测试

取真实样本输出数据的 85% 作为实验样本的输出,采用 252 组实验数据进行模型训练,采用 252 组新实验数据进行测试,验证神经网络拟合效果。

取 100% 作为训练样本,学习率取 0.10。训练停止精度取 net.trainparam.goal=1e-10,经过模糊化后的 BP 网络的输入为 39 个,运行 view(net)可得到用于训练的 BP 网络结构,如图 5.5 所示,网络训练的动态显示如图 5.6 所示,根据该图可动态观测当前的训练次数、训练方差及拟合结果。训练后的拟合结果如图 5.7 所示,BP 网络拟合方差随着训练次数的变化如图 5.8 所示,训练后的均方误差指标为 5.9012e-16。

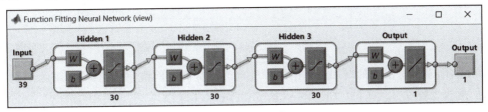

图 5.5 用于训练的 BP 网络结构:39-30-30-30-1

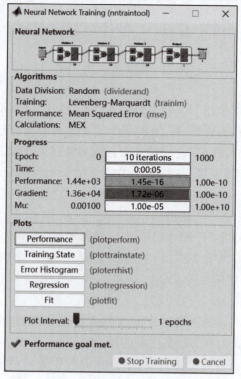

图 5.6 网络训练的动态显示

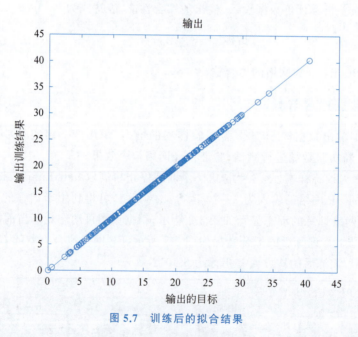

图 5.7 训练后的拟合结果

可见,随着训练次数的增加,BP 网络的性能逐渐提高。网络完成训练后,训练的网络结构和信息通过程序"save('net_BP_bodyfat.mat','net')",保存在文件 net_BP_bodyfat.mat 中,

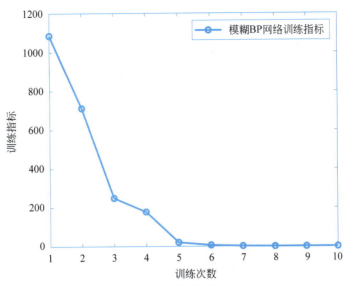

图 5.8　BP 网络拟合方差随着训练次数的变化

BP 网络的训练程序为 chap5_2.m。由于神经网络的初始权重是随机设定的,所以每次运行的结果可能有所不同。

仿真程序：

模糊 BP 网络训练程序：chap5_2.m。

```
clear all;
close all;

load bodyfat_dataset              %MATLAB 内置数据集
[xd,yd]=bodyfat_dataset;          %真实数据
T=1:252;
x=xd'; y=yd';

x1=x(T,1:13);                     %训练输入
y1=0.85*y(T);                     %训练输出

n_x=size(x1,2);
NS=size(x1,1);

x_L=min(x1);
x_H=max(x1);

n_c=3;
for i =1:n_x
    c(i,:) =linspace(x_L(i),x_H(i),n_c);
    bj(i) =1*(x_H(i) -x_L(i))/(n_c-1);
end
for s=1:1:NS                      %MIMO 样本 %开始训练每个样本
```

```
f1=x1(s,:);
for i=1:1:n_x
    for j=1:1:n_c
        net2=-(f1(i)-c(i,j))^2/bj(i)^2;
        f2((i-1)*n_c+j)=exp(net2);
    end
end
x2(s,1:n_x*n_c)=f2;
end
trainFcn = 'trainlm';

%生成 BP 网络
hiddenLayerSize =[30 30 30];
net =fitnet(hiddenLayerSize,trainFcn);
net.input.processFcns ={'removeconstantrows','mapminmax'};
net.output.processFcns ={'removeconstantrows','mapminmax'};

%设计训练集、验证集和测试集
net.divideParam.trainRatio=100/100;
net.divideParam.valRatio=0/100;
net.divideParam.testRatio=0/100;
net.trainparam.epochs=1000;                 %最大训练次数
net.trainparam.lr=0.01;                     %学习率
net.trainParam.min_grad =1e-10;
net.trainparam.goal=1e-10;                  %训练精度
x2=x2';
y1=y1';
%训练网络
[net,tr]=train(net,x2,y1);

%测试网络
y1_test =net(x2);
e =gsubtract(y1,y1_test);
performance =perform(net,y1,y1_test) ;

%观察网络结构
view(net)
figure(1);
plot(y1(1,:),y1(1,:),'r');
title('输出')
xlabel('输出的目标')
ylabel('输出训练结果')
hold on
scatter(y1_test(1,:),y1(1,:),'blue');
hold off

rsstr =sum(e'.^2)/size(e',1);               %网络输出与理想输出之间的均方差
disp("Train:Mean square error of each output");
```

```
disp(rsstr);
save('net_BP_bodyfat.mat','net');
%save NN_para1 n_c c bj

figure(2);
ZB=tr.perf;                                                  %方差指标
plot(1:size(ZB,2),ZB(1,:),'o-','linewidth',2);
xlabel('训练次数');ylabel('训练指标');
legend('模糊 BP 网络训练指标');
```

5.2.2 实验数据与真实数据之差的拟合与测试

结合实验数据和真实数据,可得误差数据样本,则测量误差样本输出数据为真实数据输出—实验样本数据输出=0.15×真实数据输出,该样本反映了实验条件下的测量误差。

取 100% 作为训练样本,采用神经网络训练,学习率取 0.10,训练停止精度取 net.trainparam.goal=1e-10,训练后的拟合结果如图 5.9 所示,拟合方差随着训练次数的变化如图 5.10 所示,训练后的均方误差指标为 1.4074e-19。

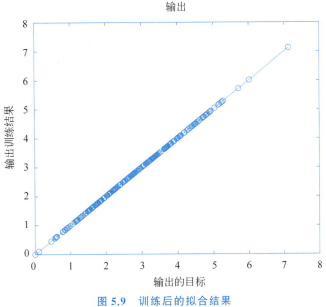

图 5.9 训练后的拟合结果

测试误差的模糊 BP 网络训练程序为 chap5_3.m。网络完成训练后,训练的网络结构和信息通过程序"save('net_BP_bodyfat_e.mat','net');"保存在文件 net_BP_bodyfat_e.mat 中。

仿真程序:

模糊 BP 网络训练程序:chap5_3.m。

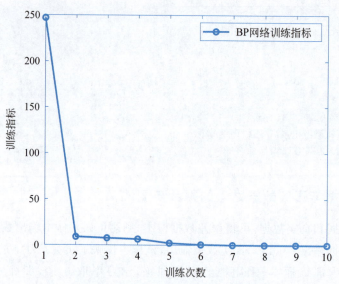

图 5.10　拟合方差随着训练次数的变化

```
clear all;
close all;

load bodyfat_dataset                              %MATLAB 内置数据集
[xd,yd]=bodyfat_dataset;                          %真实数据
T=1:252;
x=xd';y=yd';

x1=x(T,1:13);                                     %训练输入
y1=0.15*y(T);                                     %训练输出

n_x =size(x1,2);
NS =size(x1,1);

x_L=min(x1);
x_H=max(x1);

n_c=3;
for i=1:n_x
    c(i,:)=linspace(x_L(i),x_H(i),n_c);
    bj(i)=1*(x_H(i)-x_L(i))/(n_c-1);
end
for s=1:1:NS                                      %MIMO 样本   %开始训练每个样本

f1=x1(s,:);
for i=1:1:n_x
    for j=1:1:n_c
        net2=-(f1(i)-c(i,j))^2/bj(i)^2;
        f2((i-1)*n_c+j)=exp(net2);
```

```
        end
    end
    x2(s,1:n_x*n_c)=f2;
end
trainFcn ='trainlm';

%生成BP网络
hiddenLayerSize =[30 30 30];
net =fitnet(hiddenLayerSize,trainFcn);
net.input.processFcns ={'removeconstantrows','mapminmax'};
net.output.processFcns ={'removeconstantrows','mapminmax'};

%设计训练集、验证集和测试集
net.divideParam.trainRatio=100/100;
net.divideParam.valRatio=0/100;
net.divideParam.testRatio=0/100;
net.trainparam.epochs=1000;              %最大训练次数
net.trainparam.lr=0.01;                  %学习率
net.trainParam.min_grad =1e-10;
net.trainparam.goal=1e-10;               %训练精度
x2=x2';
y1=y1';
%训练网络
[net,tr] =train(net,x2,y1);

%测试网络
y1_test =net(x2);
e =gsubtract(y1,y1_test);
performance =perform(net,y1,y1_test) ;

%观察网络结构
%view(net)
figure(1);
plot(y1(1,:),y1(1,:),'r');
title('输出')
xlabel('输出的目标');ylabel('输出训练结果');
hold on
scatter(y1_test(1,:),y1(1,:),'blue');
hold off

rsstr =sum(e'.^2)/size(e',1);            %网络输出与理想输出之间的均方差
disp("Train:Mean square error of each output");
disp(rsstr);
save('net_BP_bodyfat_e.mat','net');
%save NN_para1 n_c c bj

figure(2);
ZB=tr.perf;                              %方差指标
```

```
plot(1:size(ZB,2),ZB(1,:),'o-','linewidth',2);
xlabel('训练次数');ylabel('训练指标');
legend('BP网络训练指标');
```

5.2.3 新的实验数据输出的补偿

实验数据的修正测试中,输入的测试样本有两种:一种是训练过的原有实验样本输入($M=1$);另一种为在原有的实验样本输入基础上加上幅值为 0.1 的随机数($M=2$)。

采用 5.2.1 节生成的网络"net_BP_bodyfat.mat"求得 $\hat{y}$,采用 5.2.2 节生成的网络"net_BP_bodyfat_e.mat"求得 $\Delta\hat{y}$,然后采用 $y_p = \hat{y} + \Delta\hat{y}$ 实现测试数据的有效补偿,其示意图见第 4 章的图 4.1～图 4.3。

实验数据的修正测试的模糊 BP 网络程序为 chap5_4.m。针对两种输入数据,取 $M=1$,原有实验样本输出的误差补偿如图 5.11 所示,其中直线为理想的输出,圆圈为校正后的输出,菱形为校正前的输出。在原有的实验样本输入基础上加上幅值为 0.1 的随机数,修正前后的输出如图 5.12 所示,均方误差指标分别为 8.3100e-13 和 0.4395。通过仿真分析可见,采用模糊 BP 神经网络可实现较好的数据拟合与误差补偿效果。

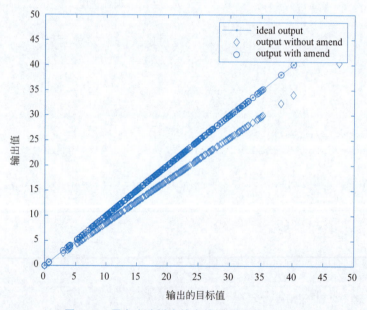

图 5.11 原有实验样本输出的误差补偿($M=1$)

仿真程序:

模糊 BP 网络修正程序:chap5_4.m。

```
clear all;
close all;

load bodyfat_dataset                    %MATLAB 内置数据集
[xd,yd]=bodyfat_dataset;                %真实数据
```

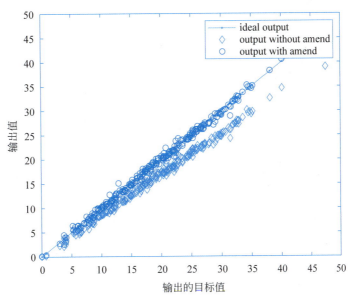

图 5.12　新的实验样本输出的误差补偿（$M=2$）

```
T=1:252;
x=xd';y=yd';

M=2;
if M==1
    x1=x(T,1:13);                                    %输入
elseif M==2
    x1=x(T,1:13)+0.10*rands(252,13);
end

n_x =size(x1,2);
NS =size(x1,1);

x_L=min(x1);
x_H=max(x1);

n_c=3;
for i =1:n_x
    c(i,:) =linspace(x_L(i),x_H(i),n_c);
    bj(i) =1*(x_H(i) -x_L(i))/(n_c-1);
end
for s=1:1:NS                                %MIMO 样本    %开始训练每个样本

f1=x1(s,:);
for i=1:1:n_x
    for j=1:1:n_c
```

```
                net2=-(f1(i)-c(i,j))^2/bj(i)^2;
                f2((i-1)*n_c+j)=exp(net2);
        end
    end
    x2(s,1:n_x*n_c)=f2;
end

net=load('net_BP_bodyfat.mat');
net_pc=load('net_BP_bodyfat_e.mat');

y1_test=sim(net.net,x2');                          %基于实验数据拟合的估计
y1_pc=sim(net_pc.net,x2');                         %实验数据与真实数据偏差的估计

y1_amend=y1_test+y1_pc;                            %y1 的修正值
figure(1);
plot(yd(:),yd(:),'.-r','linewidth',0.5);
hold on;
scatter(yd(:),y1_test(:),'blue','d');
hold on;
scatter(yd(:),y1_amend(:),'black');
hold off;
xlabel('输出的目标值');ylabel('输出值');

e_test=yd-y1_amend;
performance_BP=sum(e_test'.^2)/size(e_test',1);    %网络输出与理想输出之间的均方差
disp("Test:")
disp("Mean square error of each output");
disp(performance_BP);
legend('ideal output','output without amend','output with amend');
```

思 考 题

1. 模糊 BP 网络中,基函数设计的原则是什么?

2. 模糊 BP 网络的优点是什么? 它与 BP 网络有何区别?

3. 采用模糊 BP 网络进行拟合,影响拟合精度的参数有哪些? 如何进一步提高网络拟合逼近精度?

4. 如何设计高斯基函数的参数,以保证对输入信号的有效映射?

5. 如何避免模糊 BP 网络的过拟合?

6. 本章的实例中,采用模糊 BP 网络,如果实验数据为多入多出,如何进行拟合和修正?

第6章 RBF 神经网络设计

6.1 基本原理

径向基函数(RBF-Radial Basis Function)神经网络是由 J.Moody 和 C.Darken 在 20 世纪 80 年代末提出的一种神经网络[1],它是具有单隐含层的 3 层前馈网络。RBF 网络模拟了人脑中局部调整、相互覆盖接收域(或称感受野,Receptive Field)的神经网络结构,已证明 RBF 网络能以任意精度逼近任意连续函数[2]。

RBF 网络的学习过程与 BP 网络的学习过程类似,两者的主要区别在于各使用不同的作用函数。BP 网络中隐含层使用的是 Sigmoid 函数,其值在输入空间中无限大的范围内为非零值,因而是一种全局逼近的神经网络;而 RBF 网络中的作用函数是高斯基函数,其值在输入空间中有限范围内为非零值,因而 RBF 网络是局部逼近的神经网络。

RBF 网络是一种 3 层前向网络,由输入到输出的映射是非线性的,而隐含层空间到输出空间的映射是线性的,而且 RBF 网络是局部逼近的神经网络,因而采用 RBF 网络可大大加快学习速度并避免局部极小问题,可满足实时控制的要求。采用 RBF 网络构成神经网络控制方案,可有效提高系统的精度、鲁棒性和自适应性。

6.2 网络结构与算法

多输入单输出的 RBF 网络结构如图 6.1 所示,$i=1,2,\cdots,n$,$j=1,2,\cdots,m$,其中 n 为网络输入个数,m 为网络隐含层节点的个数。

在 RBF 神经网络中,$\boldsymbol{x}=\begin{bmatrix} x_1 & x_2 & \cdots & x_n \end{bmatrix}^{\mathrm{T}}$ 为网络输入,h_j 为隐含层第 j 个神经元的输出,即

$$h_j = \exp\left(-\frac{\|\boldsymbol{x}-\boldsymbol{c}_j\|^2}{2b_j^2}\right) \quad (6.1)$$

其中 $\boldsymbol{c}_j=\begin{bmatrix} c_{j1}, & c_{j2}, & \cdots, & c_{jn} \end{bmatrix}$ 为第 j 个隐含层神经元的中心点向量值,高斯基函数的宽度矢量为 $\boldsymbol{b}=\begin{bmatrix} b_1, & b_2, & \cdots, & b_m \end{bmatrix}^{\mathrm{T}}$,$b_j>0$ 为隐含层神经元 j 的高斯基函数的宽度。

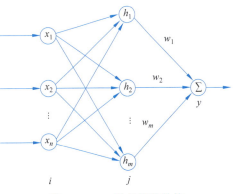

图 6.1 RBF 神经网络结构

网络的权值为

$$\boldsymbol{w}=\begin{bmatrix} w_1, & w_2, & \cdots, & w_m \end{bmatrix}^{\mathrm{T}} \quad (6.2)$$

RBF 网络的输出为

$$y = w_1 h_1 + w_2 h_2 + \cdots + w_m h_m \quad (6.3)$$

由于 RBF 网络只调节权值,因此,RBF 网络较 BP 网络有算法简单、运行时间快的优

点。但由于 RBF 网络中,输入空间到输出空间是非线性的,而隐含空间到输出空间是线性的,因而其非线性能力不如 BP 网络。

6.3　RBF 网络基函数设计实例

6.3.1　结构为 1-5-1 的 RBF 网络

考虑结构为 1-5-1 的 RBF 网络,取网络的输入为 $3\sin 2\pi t$,为了使输入参数进行有效的高斯基函数映射,取 $b_j = 0.5, j = 1, 2, 3, 4, 5, \boldsymbol{c}_j = \begin{bmatrix} -2 & -1 & 0 & 1 & 2 \end{bmatrix}, \boldsymbol{h} = \begin{bmatrix} h_1 & h_2 & h_3 & h_4 & h_5 \end{bmatrix}^\mathrm{T}, \boldsymbol{w} = \begin{bmatrix} w_1 & w_2 & w_3 & w_4 & w_5 \end{bmatrix}^\mathrm{T}$,则网络输出为 $y = \boldsymbol{w}^\mathrm{T} \boldsymbol{h} = w_1 h_1 + w_2 h_2 + w_3 h_3 + w_4 h_4 + w_5 h_5$,RBF 网络隐含层的输出如图 6.2 所示。仿真程序为 chap6_1.m。

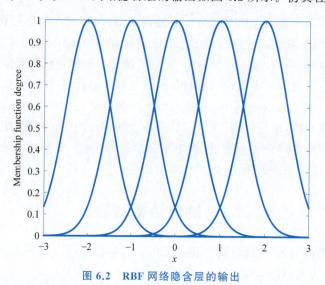

图 6.2　RBF 网络隐含层的输出

仿真程序：chap6_1.m

```
%高斯函数设计
clear all;
close all;
bj=0.50;
c=[-1.5 -1 0 1 1.5];
h=[0 0 0 0 0];
ts=0.001;
for k=1:1:2000
time(k)=k*ts;
x=3*sin(2*pi*k*ts);                              %输入
for j=1:1:5
    h(j)=exp(-norm(x-c(:,j))^2/(2*bj^2));
end
xk(k)=x;
%5个高斯函数
h1(k)=h(1);h2(k)=h(2);h3(k)=h(3);h4(k)=h(4);h5(k)=h(5);
```

```
end
figure(1);
plot(xk,h1,'k',xk,h2,'k',xk,h3,'k',xk,h4,'k',xk,h5,'k','linewidth',2);
xlabel('x');ylabel('Membership function degree');
```

6.3.2 结构为 2-5-1 的 RBF 网络

考虑结构为 2-5-1 的 RBF 网络，取网络输入为 $\boldsymbol{x}=[x_1,x_2]^\mathrm{T}$，取网络的 2 个输入都为 $3\sin 2\pi t$，为了使输入参数进行有效的高斯基函数映射，取 $b_j=0.50, j=1,2,3,4,5, \boldsymbol{c}_j=[\boldsymbol{c}_{j1};\boldsymbol{c}_{j2}], \boldsymbol{c}_{j1}=\boldsymbol{c}_{j2}=[-1.5 \ -1 \ 0 \ 1 \ 1.5], \boldsymbol{h}=[h_1 \ h_2 \ h_3 \ h_4 \ h_5]^\mathrm{T}, \boldsymbol{w}=[w_1 \ w_2 \ w_3 \ w_4 \ w_5]^\mathrm{T}$，网络输出为 $y=\boldsymbol{w}^\mathrm{T}\boldsymbol{h}=w_1h_1+w_2h_2+w_3h_3+w_4h_4+w_5h_5$。

网络隐含层的输出如图 6.3 和图 6.4 所示，仿真程序为 chap6_2.m。

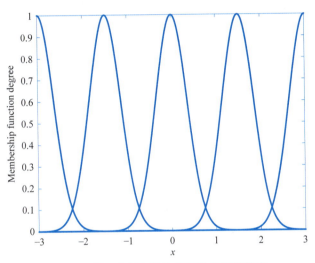

图 6.3 第一个输入的隐含层神经网络输出

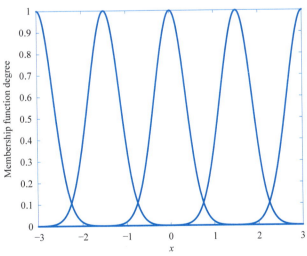

图 6.4 第二个输入的隐含层神经网络输出

仿真程序：chap6_2.m

```
%高斯函数设计
clear all;
close all;
bj1=0.50;
bj2=0.50;
c=3*[-1 -0.5 0 0.5 1;
     -1 -0.5 0 0.5 1];
h=[0 0 0 0 0];
ts=0.001;
for k=1:1:2000
time(k)=k*ts;
x1=3*sin(2*pi*k*ts);                %输入
x2=3*sin(2*pi*k*ts);                %输入
for j=1:1:5
    h1(j)=exp(-norm(x1-c(:,j))^2/(2*bj1^2));
end
for j=1:1:5
    h2(j)=exp(-norm(x2-c(:,j))^2/(2*bj2^2));
end

xk1(k)=x1;
%5个高斯函数
h11(k)=h1(1);h12(k)=h1(2);h13(k)=h1(3);h14(k)=h1(4);h15(k)=h1(5);
h21(k)=h2(1);h22(k)=h2(2);h23(k)=h2(3);h24(k)=h2(4);h25(k)=h2(5);
end
figure(1);
plot(xk1,h11,'k',xk1,h12,'k',xk1,h13,'k',xk1,h14,'k',xk1,h15,'k','linewidth',2);
xlabel('x');ylabel('Membership function degree');

figure(2);
plot(xk1,h21,'k',xk1,h22,'k',xk1,h23,'k',xk1,h24,'k',xk1,h25,'k','linewidth',2);
xlabel('x');ylabel('Membership function degree');
```

6.4 基于梯度下降法的 RBF 神经网络逼近

6.4.1 算法设计

RBF 神经网络中，$\boldsymbol{x} = \begin{bmatrix} x_1 & x_2 & \cdots & x_n \end{bmatrix}^\mathrm{T}$ 为网络输入，h_j 为隐含层第 j 个神经元的输出，即

$$h_j = \exp\left(-\frac{\|\boldsymbol{x} - \boldsymbol{c}_j\|^2}{2b_j^2}\right), \quad j = 1, 2, \cdots, m \tag{6.4}$$

其中 $\boldsymbol{c}_j = [c_{j1}, \ c_{j2}, \ \cdots, \ c_{jn}]$ 为第 j 个隐含层神经元的中心点向量值。

高斯基函数的宽度向量为
$$\boldsymbol{b} = [b_1, \quad b_2, \quad \cdots, \quad b_m]^T$$
其中 $b_j > 0$ 为隐含层神经元 j 的高斯基函数的宽度。

网络的权值为
$$\boldsymbol{w} = [w_1, \quad w_2, \quad \cdots, \quad w_m]^T \tag{6.5}$$

RBF 网络的输出为
$$y_n(k) = w_1 h_1 + w_2 h_2 + \cdots + w_m h_m \tag{6.6}$$

网络逼近的误差指标为
$$E(k) = \frac{1}{2}(y(k) - y_n(k))^2 \tag{6.7}$$

根据梯度下降法,权值按以下方式调节:
$$\Delta w_j(k) = -\eta \frac{\partial E}{\partial w_j} = \eta(y(k) - y_n(k))h_j$$
$$w_j(k) = w_j(k-1) + \Delta w_j(k) + \alpha(w_j(k-1) - w_j(k-2)) \tag{6.8}$$
$$\Delta b_j = -\eta \frac{\partial E}{\partial b_j} = \eta(y(k) - y_n(k))w_j h_j \frac{\|\boldsymbol{x} - \boldsymbol{c}_j\|^2}{b_j^3} \tag{6.9}$$
$$b_j(k) = b_j(k-1) + \Delta b_j + \alpha(b_j(k-1) - b_j(k-2)) \tag{6.10}$$
$$\Delta c_{ji} = -\eta \frac{\partial E}{\partial c_{ji}} = \eta(y(k) - y_n(k))w_j h_j \frac{x_j - c_{ji}}{b_j^2} \tag{6.11}$$
$$c_{ji}(k) = c_{ji}(k-1) + \Delta c_{ji} + \alpha(c_{ji}(k-1) - c_{ji}(k-2)) \tag{6.12}$$

其中 $\eta \in (0,1)$ 为学习率,$\alpha \in (0,1)$ 为动量因子。

在 RBF 网络设计中,需要注意的是将 c_j 和 b_j 值设计在网络输入有效的映射范围内,否则高斯基函数将不能保证实现有效的映射,导致 RBF 网络失效。在 RBF 网络逼近中,采用梯度下降法调节 c_j 和 b_j 值是一种有效的方法。

在 RBF 网络设计中,如果根据网络输入值的范围设计 c_j 和 b_j,使之在有效的映射范围内,则只调节网络的权值便可实现 RBF 网络的有效学习。

6.4.2 仿真实例

例 1 只调节权值的函数逼近

采用 RBF 网络逼近正弦函数 y=x², x=sint, t=k×T, T=0.001。网络输入为 x,其取值范围为[−1,1],网络结构为 1-5-1,α=0.05,η=0.5。网络的初始权值取 0∼1 的随机值。针对网络输入的取值范围,为了实现有效的映射,取高斯基函数的参数值为 c_j=[−1 −0.5 0 0.5 1]^T,b_j=3.0,j=1,2,3,4,5。仿真中,只调节权值 w,仿真结果如图 6.5 所示。仿真程序为 chap6_3.m。

仿真程序:chap6_3.m。

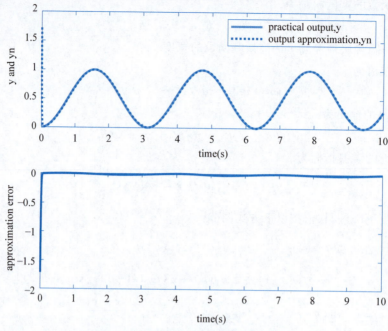

图 6.5 基于权值调节的 RBF 网络逼近

```
%RBF 网络逼近
clear all;
close all;
xite=0.10;
alfa=0.05;

c=[-1 -0.5 0 0.5 1];
bj=3.0;

w=rands(5,1);
w_1=w;w_2=w_1;
d_w=0*w;
ts=0.001;
for k=1:1:10000
time(k)=k*ts;
x(k)=sin(k*ts);
y(k)=x(k)^2;

for j=1:1:5
    h(j)=exp(-norm(x(k)-c(:,j))^2/(2*bj^2));
end
yn(k)=w'*h';
en(k)=y(k)-yn(k);

d_w(j)=xite*en(k)*h(j);
w=w_1+d_w+alfa*(w_1-w_2);
```

```
w_2=w_1;w_1=w;
end
figure(1);
subplot(211);
plot(time,y,'r',time,yn,'k:','linewidth',2);
xlabel('time(s)');ylabel('y and yn');
legend('practical output,y','output approximation,yn');
subplot(212);
plot(time,y-yn,'k','linewidth',2);
xlabel('time(s)');ylabel('approximation error');
```

例 2 调节权值及高斯基函数参数的离散模型逼近

采用 RBF 网络对如下的离散模型进行逼近：

$$y(k)=u(k)^3+\frac{y(k-1)}{1+y(k-1)^2}$$

网络结构为 2-5-1，取 $x(1)=u(k),x(2)=y(k-1),\alpha=0.05,\eta=0.15$。网络的初始权值取 0～1 的随机值。网络的第一个输入为 $u(k)=\sin t, t=k\times T, T=0.001$。考虑到网络的第一个输入范围为 $[0,1]$，离线测试可得第二个输入范围为 $[0,1]$。为了实现有效的高斯基函数映射，高斯基函数的参数取值为 $c_j=\begin{bmatrix} -1 & -0.5 & 0 & 0.5 & 1 \\ -1 & -0.5 & 0 & 0.5 & 1 \end{bmatrix}^T, b_j=3.0, j=1,2,3,4,5$。

仿真中，$M=1$ 时为只调节权值 w，取固定的 c_j 和 b_j；$M=2$ 时为调节权值 w 及高斯基参数 c_j 和 b_j，仿真结果如图 6.6 和图 6.7 所示。可见，同时调节权值 w 及高斯基参数 c_j 和 b_j 的逼近精度稍好于只调节权值 w 的逼近精度。

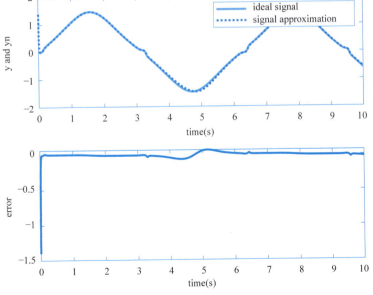

图 6.6 基于权值调节的 RBF 网络逼近（$M=1$）

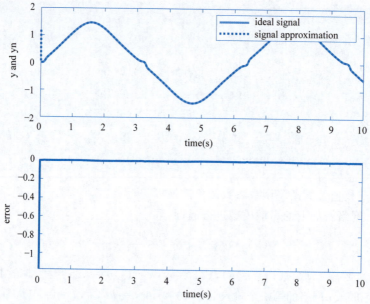

图 6.7　基于权值和高斯基函数参数调节的 RBF 网络逼近（$M=2$）

由仿真结果可见，采用梯度下降法可实现很好的逼近效果，其中高斯基函数的参数值 c_j 和 b_j 的取值很重要。仿真程序为 chap6_4.m。

仿真程序：chap6_4.m

```
%RBF 网络逼近
clear all;
close all;

alfa=0.05;
xite=0.15;

b=3*ones(5,1);
c=[-1 -0.5 0 0.5 1;
   -1 -0.5 0 0.5 1];
w=rands(5,1);

w_1=w;w_2=w_1;
c_1=c;c_2=c_1;
b_1=b;b_2=b_1;
d_w=0*w;
d_b=0*b;
y_1=0;

ts=0.001;
for k=1:1:10000
time(k)=k*ts;
u(k)=sin(k*ts);

y(k)=u(k)^3+y_1/(1+y_1^2);
```

```
x(1)=u(k);
x(2)=y_1;

for j=1:1:5
    h(j)=exp(-norm(x-c(:,j))^2/(2*b(j)*b(j)));
end
yn(k)=w'*h';
en(k)=y(k)-yn(k);

M=2;
if M==1                        %仅权值更新
    d_w(j)=xite*en(k)*h(j);
elseif M==2                    %更新w、b、c
    for j=1:1:5
        d_w(j)=xite*en(k)*h(j);
        d_b(j)=xite*en(k)*w(j)*h(j)*(b(j)^-3)*norm(x-c(:,j))^2;
        for i=1:1:2
            d_c(i,j)=xite*en(k)*w(j)*h(j)*(x(i)-c(i,j))*(b(j)^-2);
        end
    end
    b=b_1+d_b+alfa*(b_1-b_2);
    c=c_1+d_c+alfa*(c_1-c_2);
end
w=w_1+d_w+alfa*(w_1-w_2);

y_1=y(k);
w_2=w_1;w_1=w;
c_2=c_1;c_1=c;
b_2=b_1;b_1=b;
end
figure(1);
subplot(211);
plot(time,y,'r',time,yn,'k:','linewidth',2);
xlabel('time(s)');ylabel('y and yn');
legend('ideal signal','signal approximation');
subplot(212);
plot(time,y-yn,'k','linewidth',2);
xlabel('time(s)');ylabel('error');
```

6.5 高斯基函数的参数对 RBF 网络逼近的影响

由高斯函数的表达式可知,高斯基函数受参数 c_j 和 b_j 的影响,c_j 和 b_j 的设计原则如下。

(1) b_j 为隐含层第 j 个神经元高斯基函数的宽度。b_j 值越大,表示高斯基函数越宽。高斯基函数宽度是影响网络映射范围的重要因素,高斯基函数越宽,网络对输入的映射能力越大,否则,网络对输入的映射能力越小。一般将 b_j 值设计为适中的值。

(2) c_j 为隐含层第 j 个神经元高斯基函数中心点的坐标向量。c_j 值离输入越近,高斯函数对输入越敏感,否则,高斯函数对输入越不敏感。

(3) 中心点坐标向量 c_j 应使高斯基函数在有效的输入映射范围内。例如,RBF 网络输入为[−3,+3],则 c_j 可取[−3,+3]附近。

仿真中,应根据网络输入值的范围设计 c_j 和 b_j,从而保证有效的高斯基函数映射。针

对输入 $3\sin(2\pi t)$,取 $c_j=[-3\ -1.5\ 0\ 1.5\ 3]$,$b_j=0.5$,设计 5 个高斯基函数,如图 6.8 所示,仿真程序为 chap6_5.m。

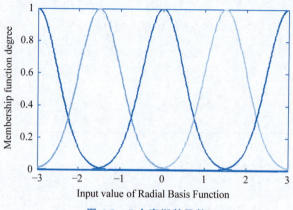

图 6.8 5 个高斯基函数

采用 RBF 网络对如下的离散模型进行逼近:

$$y(k)=u(k)^3+\frac{y(k-1)}{1+y(k-1)^2}$$

仿真中,取 RBF 网络输入为 $0.5\sin(2\pi t)$,网络结构为 2-5-1,通过改变高斯基函数 c_j 和 b_j 值,可分析 c_j 和 b_j 对 RBF 网络逼近性能的影响,c_j 和 b_j 取值见仿真程序,具体说明如下。

(1) 合适的 b_j 和 c_j 值对 RBF 网络逼近的影响(Mb=1,Mc=1);

(2) 不合适的 b_j 和合适的 c_j 值对 RBF 网络逼近的影响(Mb=2,Mc=1);

(3) 合适的 b_j 和不合适的 c_j 值对 RBF 网络逼近的影响(Mb=1,Mc=2);

(4) 不合适的 b_j 和 c_j 值对 RBF 网络逼近的影响(Mb=2,Mc=2)。

仿真结果如图 6.9～图 6.12 所示。由仿真结果可见,如果选取的参数 c_j 和 b_j 不合适,RBF 网络逼近性能将得不到保证。仿真程序为 chap6_6.m。

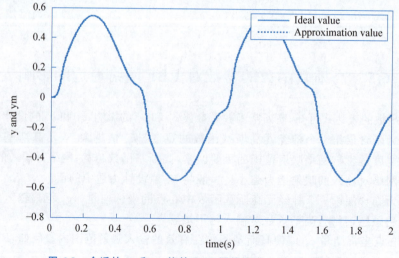

图 6.9 合适的 b_j 和 c_j 值的 RBF 网络逼近(Mb=1,Mc=1)

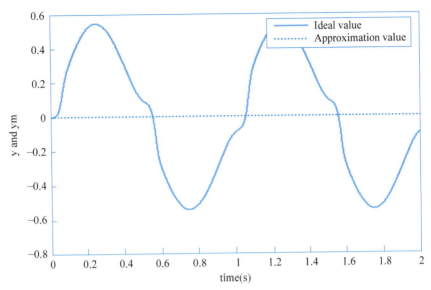

图 6.10 不合适的 b_j 和合适的 c_j 值的 RBF 网络逼近（Mb=2，Mc=1）

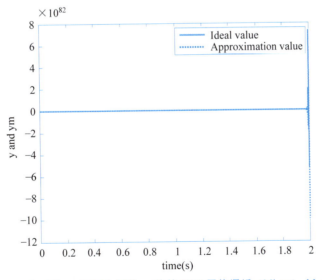

图 6.11 合适的 b_j 和不合适的 c_j 值的 RBF 网络逼近（Mb=1，Mc=2）

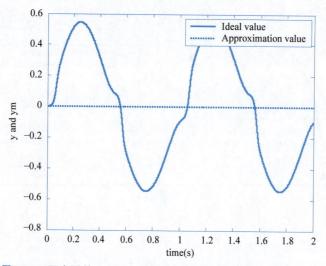

图 6.12 不合适的 b_j 和 c_j 值的 RBF 网络逼近（Mb＝2，Mc＝2）

仿真程序：

高斯基函数程序：chap6_5.m。

```
%RBF 函数
clear all;
close all;

c=[-3 -1.5 0 1.5 3];

M=1;
if M==1
    b=0.50*ones(5,1);
elseif M==2
    b=1.50*ones(5,1);
end

h=[0,0,0,0,0]';

ts=0.001;
for k=1:1:2000

time(k)=k*ts;

x(1)=3*sin(2*pi*k*ts);

for j=1:1:5
    h(j)=exp(-norm(x-c(:,j))^2/(2*b(j)*b(j)));
end

x1(k)=x(1);
```

```
%第一个高斯基函数
h1(k)=h(1);
%第二个高斯基函数
h2(k)=h(2);
%第三个高斯基函数
h3(k)=h(3);
%第四个高斯基函数
h4(k)=h(4);
%第五个高斯基函数
h5(k)=h(5);
end
figure(1);
plot(x1,h1,'b');
figure(2);
plot(x1,h2,'g');
figure(3);
plot(x1,h3,'r');
figure(4);
plot(x1,h4,'c');
figure(5);
plot(x1,h5,'m');
figure(6);
plot(x1,h1,'b');
hold on;plot(x1,h2,'g');
hold on;plot(x1,h3,'r');
hold on;plot(x1,h4,'c');
hold on;plot(x1,h5,'m');
xlabel('Input value of Radial Basis Function');ylabel('Membership function
degree');
```

高斯基函数参数 b_j 和 c_j 的选取对 RBF 逼近误差影响的仿真程序：chap6_6.m。

```
%RBF逼近测试
clear all;
close all;

alfa=0.05;
xite=0.5;
x=[0,0]';

%高斯基函数的参数设计

Mb=1;
if Mb==1                    %合适的b值
    b=1.5*ones(5,1);
elseif Mb==2                %不合适的b值
    b=0.0005*ones(5,1);
end
```

```
%网络结构为 2-5-1: i=2; j=1,2,3,4,5; k=1
Mc=1;
if Mc==1                                        %合适的c值
c=[-1.5 -0.5 0 0.5 1.5;
   -1.5 -0.5 0 0.5 1.5];                        %cij
elseif Mc==2                                    %不合适的c值
c=0.1*[-1.5 -0.5 0 0.5 1.5;
       -1.5 -0.5 0 0.5 1.5];                    %cij
end
w=rands(5,1);
w_1=w;w_2=w_1;
y_1=0;

ts=0.001;
for k=1:1:2000

time(k)=k*ts;
u(k)=0.50*sin(1*2*pi*k*ts);

y(k)=u(k)^3+y_1/(1+y_1^2);

x(1)=u(k);
x(2)=y(k);

for j=1:1:5
    h(j)=exp(-norm(x-c(:,j))^2/(2*b(j)*b(j)));
end
yn(k)=w'*h';
en(k)=y(k)-yn(k);

d_w=xite*en(k)*h';
w=w_1+d_w+alfa*(w_1-w_2);

y_1=y(k);
w_2=w_1;w_1=w;

end
figure(1);
plot(time,y,'r',time,yn,'b:','linewidth',2);
xlabel('time(s)');ylabel('y and yn');
legend('Ideal value','Approximation value');
```

6.6 隐含层节点数对 RBF 网络逼近的影响

由高斯函数的表达式可见,逼近误差除与高斯函数的中心点坐标 c_j 和宽度参数 b_j 有关,还与隐含层神经元节点数量有关。

采用 RBF 网络对如下的离散模型进行逼近:

$$y(k)=u(k)^3+\frac{y(k-1)}{1+y(k-1)^2}$$

仿真中,取 $\alpha=0.05, \eta=0.3$。神经网络权值的初始值取零,取高斯函数参数 $b_j=3.0$。

取 RBF 网络的输入为 $u(k)=\sin t$ 和 $y(k)$，网络结构取 2-m-1，m 为隐含层节点数。为了表明隐含层节点数对网络逼近的影响，分别取 $m=1, m=3, m=7$，对应的 c_j 分别取 $c_j=\begin{bmatrix}0\\0\end{bmatrix}$，$c_j=\dfrac{1}{3}\begin{bmatrix}-1 & 0 & 1\\-1 & 0 & 1\end{bmatrix}^{\mathrm{T}}$ 和 $c_j=\dfrac{1}{9}\begin{bmatrix}-3 & -2 & -1 & 0 & 1 & 2 & 3\\-3 & -2 & -1 & 0 & 1 & 2 & 3\end{bmatrix}^{\mathrm{T}}$。

仿真结果如图 6.13～图 6.18 所示。由仿真结果可见，随着隐含层神经元节点数的增加，逼近误差下降。同时，随着隐含层神经元节点数的增加，为了防止梯度下降法的过度调整造成学习过程发散，应当降低学习率 η。仿真程序为 chap6_7.m。

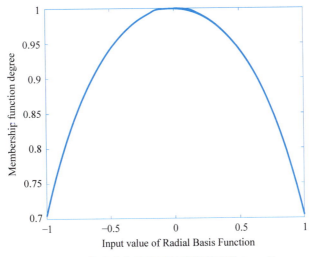

图 6.13　单个隐含神经元的高斯基函数（$m=1$）

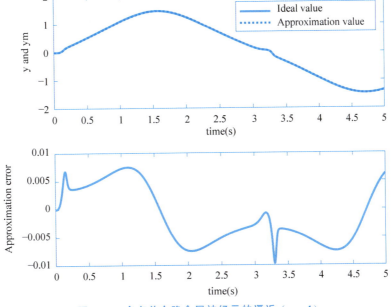

图 6.14　含有单个隐含层神经元的逼近（$m=1$）

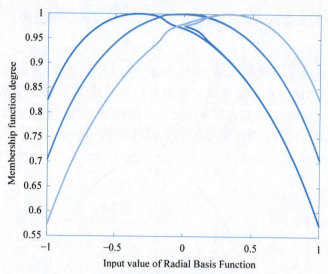

图 6.15 3 个隐含层神经元的高斯基函数（$m=3$）

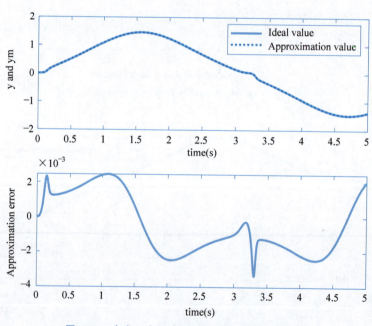

图 6.16 含有 3 个隐含层神经元的逼近（$m=3$）

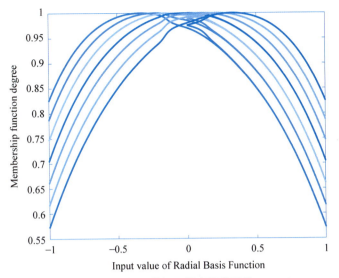

图 6.17　7 个隐含层神经元的高斯基函数（$m=7$）

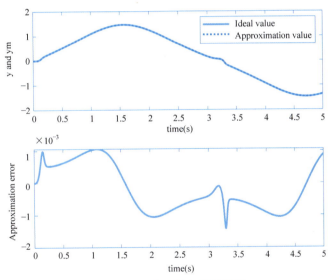

图 6.18　含有 7 个隐含层神经元的逼近（$m=7$）

仿真程序：chap6_7.m

```
%RBF逼近测试
clear all;
close all;

alfa=0.05;
xite=0.3;

%高斯基函数的参数设计
```

```
bj=3;                              %高斯基函数的宽度

%网络结构为 2-m-1
M=1;                               %不同隐含层节点测试
if M==1
m=1;
c=[0;0];
elseif M==2
m=3;
c=1/3*[-1 0 1;
       -1 0 1];
elseif M==3
m=7;
c=1/9*[-3 -2 -1 0 1 2 3;
       -3 -2 -1 0 1 2 3];
end
w=zeros(m,1);
w_1=w;w_2=w_1;
y_1=0;

ts=0.001;
for k=1:1:5000

time(k)=k*ts;
u(k)=sin(k*ts);

y(k)=u(k)^3+y_1/(1+y_1^2);

x(1)=u(k);
x(2)=y(k);

for j=1:1:m
    h(j)=exp(-norm(x-c(:,j))^2/(2*bj^2));
end
yn(k)=w'*h';
en(k)=y(k)-yn(k);

d_w=xite*en(k)*h';
w=w_1+d_w+alfa*(w_1-w_2);

y_1=y(k);
w_2=w_1;w_1=w;

x1(k)=x(1);
for j=1:1:m
    H(j,k)=h(j);
end

if k==5000
```

```
    figure(1);
    for j=1:1:m
        plot(x1,H(j,:),'linewidth',2);
        hold on;
    end
    xlabel('Input value of Radial Basis Function');ylabel('Membership function degree');
end
end
figure(2);
subplot(211);
plot(time,y,'r',time,yn,'b:','linewidth',2);
xlabel('time(s)');ylabel('y and yn');
legend('Ideal value','Approximation value');
subplot(212);
plot(time,y-yn,'r','linewidth',2);
xlabel('time(s)');ylabel('Approximation error');
```

6.7 RBF 神经网络的训练

6.7.1 RBF 神经网络的离散训练

通过离线训练,采用 RBF 网络,可实现对一组多输入多输出数据或模型进行建模。

RBF 网络中,取输入为 $\boldsymbol{x}=[x_1 \quad x_2 \quad \cdots \quad x_n]^{\mathrm{T}}$,则隐含层高斯基函数的输出为

$$h_j = \exp\left(-\frac{\|\boldsymbol{x}-\boldsymbol{c}_j\|^2}{2b_j^2}\right), \quad j=1,2,\cdots,m \tag{6.13}$$

其中 $\boldsymbol{c}_j=[c_{j1}, \quad c_{j2}, \quad \cdots,]$ 为隐含层第 j 个神经元的中心向量,n 为网络输入个数,m 为网络隐含层节点个数。

网络的基宽向量为

$$\boldsymbol{b}=[b_1, \quad b_2, \quad \cdots, \quad b_m]^{\mathrm{T}}$$

其中 $b_j>0$ 为节点 j 的基宽参数。

网络权值为

$$\boldsymbol{w}=[w_1, \quad w_2, \quad \cdots, \quad w_m]^{\mathrm{T}} \tag{6.14}$$

网络输出为

$$y_l = w_1 h_1 + w_2 h_2 + \cdots + w_m h_m \tag{6.15}$$

其中 y_l^d 为理想的输出,$l=1,2,\cdots,N$,N 为网络输出个数。

网络的第 l 个输出的误差为

$$e_l = y_l^d - y_l$$

整个训练样本误差指标为

$$E(t) = \sum_{l=1}^{N} e_l^2 \tag{6.16}$$

根据梯度下降法，权值按式(6.17)调整：

$$\Delta w_j(t) = -\eta \frac{\partial E}{\partial w_j} = \eta \sum_{l=1}^{N} e_l h_j$$

$$w_j(t) = w_j(t-1) + \Delta w_j(t) + \alpha(w_j(t-1) - w_j(t-2)) \tag{6.17}$$

其中 $\eta \in (0,1)$ 为学习率，$\alpha \in (0,1)$ 为动量因子。

每次迭代时，依次对各个样本进行训练，更新权值，所有样本训练完毕后，再进行下一次迭代，直到满足要求为止。

6.7.2 仿真实例

例 1 一组多输入多输出数据的训练

考虑具有 3 个输入 2 个输出的一组数据，如表 6.1 所示。

表 6.1 一个训练样本

输入			输出	
1	0	0	1	0

RBF 网络结构为 3-5-2，根据网络输入 x_1 和 x_2 的取值范围，取 c_i 和 b_j 分别为 $\begin{bmatrix} -1 & -0.5 & 0 & 0.5 & 1 \\ -1 & -0.5 & 0 & 0.5 & 1 \\ -1 & -0.5 & 0 & 0.5 & 1 \end{bmatrix}$ 和 10，网络权值为 $[-1 \;\; +1]$ 内的随机值，取 $\eta = 0.10, \alpha = 0.05$。

首先，运行网络的训练程序 chap6_8a.m，误差指标取 $E = 10^{-20}$，误差变化如图 6.19 所示，训练后的网络权值保存在文件 wfile.dat 中。

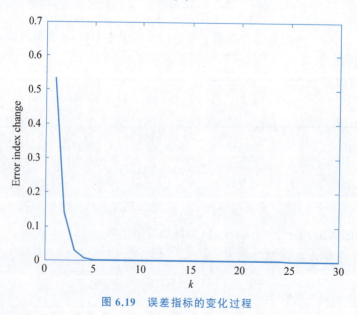

图 6.19 误差指标的变化过程

利用保存的权值，运行测试程序 chap6_8b.m，测试结果如表 6.2 所示。可见，采样 RBF

网络可实现很好的模式识别性能。

表 6.2 测试样本及结果

输	入		输	出
0.970	0.001	0.001	1.0004	−0.0007
1.000	0.000	0.000	1.000	0.0000

仿真程序：
RBF 训练程序：chap6_8a.m

```
%对MIMO的RBF训练
clear all;
close all;

xite=0.10;
alfa=0.05;

W=rands(5,2);
W_1=W;
W_2=W_1;
h=[0,0,0,0,0]';

c=2*[-0.5 -0.25 0 0.25 0.5;
     -0.5 -0.25 0 0.25 0.5;
     -0.5 -0.25 0 0.25 0.5];             %cij
b=10;                                     %bj

xs=[1,0,0];                               %理想输入
ys=[1,0];                                 %理想输出
OUT=2;
NS=1;

k=0;

E=1.0;
while E>=1e-020
%for k=1:1:1000
k=k+1;
times(k)=k;

for s=1:1:NS                              %MIMO样本
x=xs(s,:);

for j=1:1:5
    h(j)=exp(-norm(x'-c(:,j))^2/(2*b^2)); %隐含层
```

```
        end
    yl=W'*h;                                            %输出层

    el=0;
    y=ys(s,:);
    for l=1:1:OUT
        el=el+0.5*(y(l)-yl(l))^2;                       %输出误差
    end
    es(s)=el;

    E=0;
    if s==NS
        for s=1:1:NS
            E=E+es(s);
        end
    end
    error=y-yl';
    dW=xite*h*error;

    W=W_1+dW+alfa*(W_1-W_2);

    W_2=W_1;W_1=W;
    end                                                 %for 循环结束
    Ek(k)=E;
end                                                     %while 循环结束
figure(1);
plot(times,Ek,'r','linewidth',2);
xlabel('k');ylabel('Error index change');
save wfile b c W;
```

RBF 测试程序：chap6_8b.m

```
%RBF 测试
clear all;
load wfile b c W;

%N 样本
x=[0.970,0.001,0.001;
   1.000,0.000,0.000];
NS=2;
h=zeros(5,1);                                           %hj

for i=1:1:NS
    for j=1:1:5
        h(j)=exp(-norm(x(i,:)'-c(:,j))^2/(2*b^2));      %隐含层
    end
    yl(i,:)=W'*h;                                       %输出层
```

```
end
y1
```

例 2 离散系统的离线建模

考虑如下的非线性离散系统：

$$y(k) = \frac{0.5y(k-1)(1-y(k-1))}{1+\exp(-0.25y(k-1))} + u(k-1)$$

采样 RBF 网络，实现上述模型的建模。网络结构为 2-5-1，网络输入为 $x = [u(k) \quad y(k)]$，根据网络输入的范围，分别取高斯基函数参数 c_j 和 b_j 为 $\begin{bmatrix} -3 & -2 & -1 & 0 & 1 & 2 & 3 \\ -3 & -2 & -1 & 0 & 1 & 2 & 3 \end{bmatrix}$ 和 1.5，初始权值取 $0.10, \eta=0.50, \alpha=0.05$。

首先，运行程序 chap6_9a.m，取 $u(k)=\sin t, t=k \times ts$，采样时间为 $ts=0.001$。训练样本数量取 NS=3000，经过 500 步的离线训练，误差指标的变化过程如图 6.20 所示。训练后的网络权值和高斯基函数参数保存在文件 wfile.dat 中。

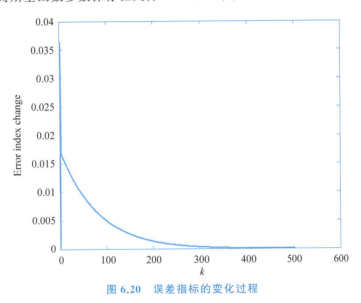

图 6.20 误差指标的变化过程

运行测试程序 chap6_9b.m，利用保存的文件 wfile.dat，采用网络输入为 $\sin t$，测试结果如图 6.21 所示。可见，采样 RBF 网络可很好地实现离线建模性能。

仿真程序：

RBF 训练程序：chap6_9a.m

```
%针对模型的训练
clear all;
close all;

ts=0.001;
```

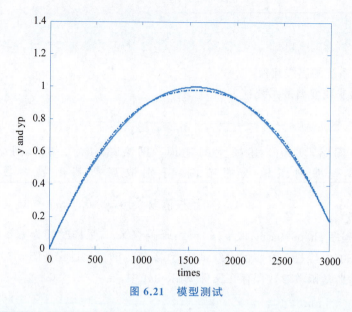

图 6.21 模型测试

```
xite=0.50;
alfa=0.05;

u_1=0;y_1=0;
fx_1=0;

W=0.1*ones(1,7);
W_1=W;
W_2=W_1;
h=zeros(7,1);

c1=[-3 -2 -1 0 1 2 3];
c2=[-3 -2 -1 0 1 2 3];
c=[c1;c2];

b=1.5;                                    %bj

NS=3000;
for s=1:1:NS                              %样本
u(s)=sin(s*ts);

fx(s)=0.5*y_1*(1-y_1)/(1+exp(-0.25*y_1));
y(s)=fx_1+u_1;

u_1=u(s);
y_1=y(s);
fx_1=fx(s);
end
k=0;
```

```
for k=1:1:500
k=k+1;
times(k)=k;

    for s=1:1:NS                                      %样本
        x=[u(s),y(s)];
    for j=1:1:7
        h(j)=exp(-norm(x'-c(:,j))^2/(2*b^2));         %隐含层
    end
    yl(s)=W*h;                                        %输出层

    el=0.5*(y(s)-yl(s))^2;                            %输出误差

    es(s)=el;

    E=0;
    if s==NS
        for s=1:1:NS
            E=E+es(s);
        end
    end
error=y(s)-yl(s);
dW=xite*h'*error;

W=W_1+dW+alfa*(W_1-W_2);

W_2=W_1;W_1=W;
    end                                               %for 循环结束
Ek(k)=E;
end                                                   %while 循环结束
figure(1);
plot(times,Ek,'r','linewidth',2);
xlabel('k');ylabel('Error index change');
save wfile b c W NS;
```

RBF 测试程序：chap6_9b.m

```
%训练后的网络测试
clear all;
load wfile b c W NS;

ts=0.001;
u_1=0;y_1=0;
fx_1=0;
h=zeros(7,1);
for k=1:1:NS
    times(k)=k;
    u(k)=sin(k*ts);
```

```
    fx(k)=0.5*y_1*(1-y_1)/(1+exp(-0.25*y_1));
    y(k)=fx_1+u_1;

    x=[u(k),y(k)];
for j=1:1:7
    h(j)=exp(-norm(x'-c(:,j))^2/(2*b^2));              %隐含层
end
yp(k)=W*h;                                              %输出层

u_1=u(k);y_1=y(k);
fx_1=fx(k);
end
figure(1);
plot(times,y,'r',times,yp,'b-.','linewidth',2);
xlabel('times');ylabel('y and yp');
```

6.8 BP 神经网络与 RBF 神经网络训练比较

测试样本：取标准样本为 3 个样本,每个样本为 3 个输入 2 个输出的样本,如表 6.3 所示。

表 6.3 训练样本

输	入		输	出
1	0	0	1	0
0	1	0	0	0.5
0	0	1	0	1

6.8.1 BP 神经网络测试

采用第 2 章的 2.2.3 节的 BP 网络训练算法对表 6.3 的训练样本进行训练,运行网络训练程序 chap6_10a.m,取网络训练次数为 200 次,最终指标为 $E=4.6222\times10^{-33}$,网络训练指标的变化如图 6.22 所示。网络训练的最终权值为用于模型的知识库,将其保存在文件 wfile1.dat 中。运行网络测试程序 chap6_10b.m,调用文件 wfile1.dat,取一组实际样本进行测试,测试样本及结果见表 6.4。

表 6.4 BP 神经网络测试样本及结果

输	入		输	出
0.970	0.001	0.001	0.9838	0.0104
0.000	0.980	0.000	0.0066	0.4993
0.002	0.000	1.040	−0.0095	1.0152

续表

输		入	输	出
0.500	0.500	0.500	0.3264	0.5065
1.000	0.000	0.000	1.0000	0.0000
0.000	1.000	0.000	0.0000	0.5000
0.000	0.000	1.000	0.0000	1.0000

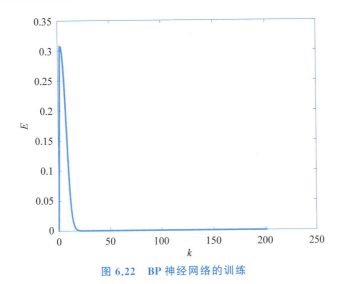

图 6.22 BP 神经网络的训练

BP 神经网络训练程序：chap6_10a.m

```
%多样本的BP神经网络训练
clear all;
close all;

xite=0.50;
alfa=0.05;

w2=rands(6,2);
w2_1=w2;w2_2=w2_1;

w1=rands(3,6);
w1_1=w1;w1_2=w1;
dw1=0*w1;

I=[0,0,0,0,0,0]';
Iout=[0,0,0,0,0,0]';
FI=[0,0,0,0,0,0]';

OUT=2;
k=0;
```

```
E=1.0;
NS=3;

%while E>=1e-020
for k=1:1:200
k=k+1;
times(k)=k;

for s=1:1:NS                                    %MIMO 样本
xs=[1,0,0;
    0,1,0;
    0,0,1];                                     %理想输入
ys=[1,0;
    0,0.5;
    0,1];                                       %理想输出

x=xs(s,:);
for j=1:1:6
    I(j)=x*w1(:,j);
    Iout(j)=1/(1+exp(-I(j)));
end

yl=w2'*Iout;
yl=yl';

el=0;
y=ys(s,:);
for l=1:1:OUT
    el=el+0.5*(y(l)-yl(l))^2;                   %输出误差
end

E=0;
if s==NS
    for s=1:1:NS
        E=E+el;
    end
end
el=y-yl;

w2=w2_1+xite*Iout*el+alfa*(w2_1-w2_2);

for j=1:1:6
    S=1/(1+exp(-I(j)));
    FI(j)=S*(1-S);
end

for i=1:1:3
    for j=1:1:6
```

```
            dw1(i,j)=xite * FI(j) * x(i) * (el(1) * w2(j,1)+el(2) * w2(j,2));
        end
    end
    w1=w1_1+dw1+alfa * (w1_1-w1_2);

    w1_2=w1_1;w1_1=w1;
    w2_2=w2_1;w2_1=w2;
    end                                        %for 循环结束
    Ek(k)=E;
end                                            %while 循环结束
figure(1);
plot(times,Ek,'-or','linewidth',2);
xlabel('k');ylabel('E');
E
save wfile1 w1 w2;
```

BP 神经网络测试程序：chap6_10b.m

```
%BP 网络测试
clear all;
load wfile1 w1 w2;

%N 样本
x=[0.970,0.001,0.001;
   0.000,0.980,0.000;
   0.002,0.000,1.040;
   0.500,0.500,0.500;
   1.000,0.000,0.000;
   0.000,1.000,0.000;
   0.000,0.000,1.000];
for i=1:1:7
    for j=1:1:6
     I(i,j)=x(i,:) * w1(:,j);
        Iout(i,j)=1/(1+exp(-I(i,j)));
    end
end
y=w2' * Iout';
y=y'
```

6.8.2 RBF 神经网络测试

采用 6.7.1 节的 RBF 网络训练算法对表 6.3 的训练样本进行训练，运行网络训练程序 chap6_11a.m，取网络训练次数为 200 次，最终指标为 $E=0.5511$，网络训练指标的变化如图 6.23 所示。网络训练的最终权值为用于模型的知识库，将其保存在文件 wfile2.dat 中。运行网络测试程序 chap6_11b.m，调用文件 wfile2.dat，取一组实际样本进行测试，测试样本及结果见表 6.5。

表 6.5　RBF 神经网络测试样本及结果

输	入		输	出
1.000	0.000	0.000	0.3218	0.5113
0.000	1.000	0.000	0.3218	0.5113
0.000	0.000	1.000	0.3218	0.5113

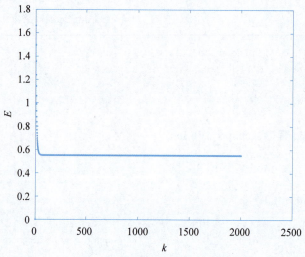

图 6.23　RBF 神经网络的训练

可见，经过 200 次迭代，采用 BP 网络较采用 RBF 网络会获得更好的逼近精度。这是由于 BP 网络采用了双层权值，而 RBF 网络只采用了单层权值，RBF 网络映射能力和记忆精度不如 BP 网络。为了提升 RBF 网络的映射能力和记忆能力，需要进行改进，一种有效的改进方法见第 7 章的模糊 RBF 神经网络设计与仿真。

RBF 神经网络训练程序：chap6_11a.m

```
%多样本的 RBF 神经网络训练
clear all;
close all;

xite=0.50;
alfa=0.05;
bj=0.50;
c=[-1.5 -1 -0.5 0 0.5 1 1.5;
   -1.5 -1 -0.5 0 0.5 1 1.5;
   -1.5 -1 -0.5 0 0.5 1 1.5];
w=rands(7,2);
w_1=w;w_2=w_1;

NS=3;
```

```
for k=1:1:2000
k=k+1;
times(k)=k;

   for s=1:1:NS                      %MIMO 样本
   xs=[1 0 0;
       0 1 0;
       0 0 1];                        %理想输入
   ys=[1 0;
       0 0.5;
       0 1];                          %理想输出

   x=xs(s,:);

   for j=1:1:7
       net2(j)=-norm(x'-c(:,j))^2/(2*bj^2);
       h(j)=exp(net2(j));
   end

   yl=w'*h';
   yl=yl';

   el=0;
   y=ys(s,:);
   for l=1:1:2
       el=el+0.5*(y(l)-yl(l))^2;      %输出误差
   end

   E=0;
   if s==NS
       for s=1:1:NS
           E=E+el;
       end
   end
   en=y-yl;

   w=w_1+xite*h'*en+alfa*(w_1-w_2);

   w_2=w_1;
   w_1=w;
   end                                %for 循环结束
   Ek(k)=E;
end                                   %结束
figure(1);
plot(times,Ek,'-r','linewidth',2);
xlabel('k');ylabel('E');
E
save wfile w bj c;
```

RBF 神经网络测试程序：chap6_11b.m

```
%RBF 测试
clear all;
load wfile;

%N Samples
xs=[1,0,0;
    0,1,0;
    0,0,1];                     %理想输入
%xs=[1 0 0];
NS=3;
for s=1:1:NS                    %MIMO 样本
x=xs(s,:);

for j=1:1:7
    net2(j)=-norm(x'-c(:,j))^2/(2*bj^2);
    h(j)=exp(net2(j));
end

yl=w'*h'
end
```

参 考 文 献

[1] HARTMAN E J, KEELER J D, KOWALSKI J M. Layered neural networks with Gaussian hidden units as universal approximations[J]. Neural Computing，1990，2(2)：210-215.

[2] Park J, Sandberg L W. Universal approximation using radial-basis-function networks[J]. Neural Computing，1991，3(2)：264-257.

[3] 刘金琨.RBF 神经网络自适应控制 MATLAB 仿真[M].2 版.北京：清华大学出版社，2018.

思 考 题

1. RBF 神经网络有何特点？分析其优点和缺点。
2. RBF 神经网络与 BP 网络的区别与联系分别是什么？
3. 影响 RBF 网络逼近的参数有哪些？如何进一步增加 RBF 网络的逼近精度？
4. RBF 网络为何能实现样本的拟合？
5. 样本离散训练时，为何 RBF 网络拟合精度不如 BP 网络？
6. 高斯基函数个数及高斯基参数设计的原则分别是什么？
7. 在 RBF 网络训练中，如何通过优化理论（如粒子群优化算法等）优化高斯基函数中心点向量参数 c 和基宽参数 b。
8. 为何 RBF 网络隐含层节点采用高斯基函数？
9. RBF 神经网络目前理论进展如何？它在实际工程中有哪些应用？

第 7 章　模糊 RBF 神经网络设计

7.1　模糊神经网络介绍

在模糊系统中,模糊集、隶属度函数和模糊规则的设计是建立在经验知识基础上的。这种设计方法存在很大的主观性。将学习机制引到模糊系统中,使模糊系统能通过不断学习修改和完善基函数和模糊规则,是模糊系统的发展方向。

由于神经网络具有自学习、自组织和并行处理等特征,并具有很强的容错能力和联想能力,因此,神经网络具有建模的能力。在模糊系统中,模糊集、隶属度函数和模糊规则的设计是建立在经验知识基础上的,这种设计方法存在很大的主观性。将神经网络的学习能力引到模糊系统中,将模糊系统的模糊化处理、模糊推理、精确化计算通过分布式的神经网络表示是实现模糊系统自组织、自学习的重要途径。在模糊神经网络中,神经网络的输入、输出节点用来表示模糊系统的输入、输出信号,神经网络的隐含节点用来表示基函数和模糊规则,利用神经网络的并行处理能力使得模糊系统的推理能力大大提高。

模糊神经网络是将模糊系统和神经网络相结合而构成的网络。RBF 网络与模糊系统相结合,构成了模糊 RBF 网络[1],该网络是建立在 BP 网络基础上的一种多层神经网络,可以称为一种特殊的深度神经网络[2]。

模糊系统与模糊神经网络既有联系又有区别,其联系表现为模糊神经网络本质上是模糊系统的实现,其区别表现为模糊神经网络又具有神经网络的特性。模糊系统与神经网络的比较见表 7.1。模糊神经网络充分利用了模糊系统和神经网络各自的优点,因而受到了重视。

表 7.1　模糊系统与神经网络的比较

特　　性	模糊系统	神经网络
获取知识	专家经验	算法实例
推理机制	启发式搜索	并行计算
推理速度	低	高
容错性	低	非常高
学习机制	归纳	调整权值
自然语言实现	明确的	不明显
自然语言灵活性	高	低

模糊神经网络本质上是将常规的神经网络赋予模糊输入信号和模糊权值,其学习算法通常是神经网络学习算法或其推广。模糊神经网络技术已经在建模、模式识别和控制领域得到广泛应用。

7.2 模糊神经网络的优点及设计关键

模糊神经网络的优点如下。

(1) 模糊神经网络是一种集模糊逻辑推理的强大结构性知识表达能力与神经网络的强大自学习能力的技术,它是模糊逻辑推理与神经网络有机结合的产物。

(2) 针对输入信号具有不同的动态特性和范围,针对每个输入,模糊神经网络采用不同的基函数进行模糊化,适用于具有输入为不同物理参数且物理参数区别较大的系统。

(3) 模糊神经网络主要指利用神经网络结构实现模糊逻辑推理,从而使传统神经网络没有明确物理含义的权值被赋予了模糊逻辑中推理参数的物理含义。

(4) 与常规神经网络相比,模糊神经网络采用模糊化层、模糊推理层代替 BP 网络和 RBF 网络的中间层,非线性映射能力得到大大提高,从而可以获得更高的非线性逼近精度,机器学习精度得到大大提高。

模糊神经网络设计关键如下。

(1) 针对输入信号,如何根据每个输入的动态特性和范围选择高斯基函数的类型和个数进行模糊化。

(2) 在高斯基函数中,如何选择函数的中心点和宽度参数,实现对输入的有效映射是输入模糊化的关键。

(3) 如何设计输出层权值学习算法提高网络学习能力和学习速度?

(4) 网络样本模式的设计,每个测试样本数量的选取。

(5) 如何设计算法,避免网络训练过拟合。

7.3 网络结构及算法

图 7.1 所示为 2 个输入 1 个输出的模糊 RBF 神经网络结构,该网络由输入层、模糊化层、模糊推理层和输出层构成。

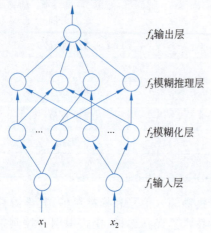

图 7.1 2 输入 1 输出的模糊 RBF 神经网络结构

以 2 个输入 1 个输出为例,模糊 RBF 网络中信号传播及各层的功能表示如下。

第一层:输入层。

该层的各个节点直接与输入量的各个分量连接,将输入量传到下一层。该层的每个节点 i 的输入、输出表示为

$$f_1(i) = \boldsymbol{X} = [x_1, x_2] \quad (7.1)$$

第二层:模糊化层。

图 7.1 中,针对每个输入采用 5 个基函数进行模糊化。以高斯基函数作为基函数,c_{ij} 和 b_j 分别是第 i 个输入变量第 j 个模糊集合的基函数的均值和标准差。

$$f_2(i,j) = \exp\left(-\frac{(f_1(i)-c_{ij})^2}{b_j^2}\right) \tag{7.2}$$

其中 $i=1,2, j=1,2,3,4,5$。

第三层：模糊推理层。

该层通过与模糊化层的连接完成模糊规则的匹配，各个节点之间实现模糊运算，即通过各个模糊节点的组合得到相应的组合强度。

由于第一个输入经模糊化后输出为 5 个，第二个输入经模糊化后输出为 5 个，故两两组合后，构成 25 条模糊规则，从而可得到 25 个模糊输出，即

$$f_3(l) = f_2(1,j_1) f_2(2,j_2) \tag{7.3}$$

其中 $j_1=1,2,3,4,5, j_2=1,2,3,4,5, l=1,2,\cdots,25$。

第四层：输出层。

输出层为 f_4，即

$$f_4 = \sum_{l=1}^{25} w(l) \cdot f_3(l) \tag{7.4}$$

其中 w 为输出节点与第三层各节点的连接权矩阵。

7.4 模糊 RBF 网络的数据离散拟合

在神经网络数据建模中，根据标准的输入、输出模式对，采用神经网络学习算法，以标准的模式作为学习样本进行训练，通过学习调整神经网络的连接权值。当训练满足要求后，得到的神经网络权值构成了模型的知识库。

7.4.1 基本原理

模糊 RBF 网络的训练过程如下：正向传播采用式(7.1)～式(7.4)，输入信号从输入层经模糊化层和模糊推理层传向输出层，若输出层得到了期望的输出，则学习算法结束；否则，转至反向传播。反向传播采用梯度下降法调整各层间的权值。网络第 l 个输出 x_l 与相应的理想输出 x_l^0 的误差为

$$e_l = x_l^0 - x_l$$

第 p 个样本的误差性能指标函数为

$$E_p = \frac{1}{2} \sum_{l=1}^{N} e_l^2 \tag{7.5}$$

其中 N 为网络输出层的个数。

输出层的权值通过式(7.6)调整：

$$\Delta w(k) = -\eta \frac{\partial E_p}{\partial w} = -\eta \frac{\partial E_p}{\partial e} \frac{\partial e}{\partial y_m} \frac{\partial y_m}{\partial w} = \eta e(k) f_3 \tag{7.6}$$

则输出层的权值学习算法为

$$w(k) = w(k-1) + \Delta w(k) + \alpha(w(k-1) - w(k-2)) \tag{7.7}$$

其中 η 为学习率，α 为动量因子。

每次迭代时，依次对各个样本进行训练，更新权值，所有样本训练完毕后，再进行下一次迭代，直到满足要求为止。

7.4.2 仿真实例

取模糊 RBF 网络为 5-15-125-2 结构,采用式(7.1)~式(7.7),权值 w 的初始值取 [−1 +1]的随机值,学习参数取 $\eta=0.50, \alpha=0.05$。高斯基函数的设计应使输入得到有效的映射[3],根据网络输入的值范围设计高斯基函数的参数。高斯基参数取

$$c = \begin{bmatrix} -1.5 & -1 & 0 & 1 & 1.5 \\ -1.5 & -1 & 0 & 1 & 1.5 \\ -1.5 & -1 & 0 & 1 & 1.5 \end{bmatrix} \text{和} b_j = 0.50, \quad i=1,2,3, \quad j=1,2,3,4,5。$$

仿真实例之一:单入单出

取标准样本为单个样本,该样本为 3 个输入 2 个输出的样本,如表 7.2 所示。

表 7.2　训练样本

输		入	输	出
1	0	0	1	0

运行网络训练程序 chap7_1a.m,取网络训练的最终指标为 $E=10^{-20}$,网络训练指标的变化如图 7.2 所示。网络训练的最终权值为用于模型的知识库,将其保存在文件 wfile1.dat 中。运行网络测试程序 chap7_1b.m,调用文件 wfile1.dat,取一组实际样本(见表 7.2)进行测试,测试样本及结果见表 7.3。

表 7.3　测试样本及结果

输		入	输	出
1	0	0	1	0

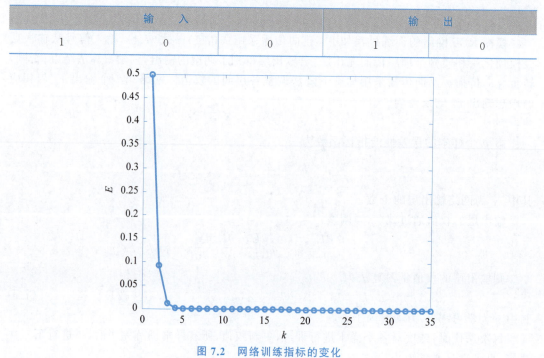

图 7.2　网络训练指标的变化

仿真程序：

1. 样本训练程序：chap7_1a.m

```
%针对多入多出单个样本的模糊RBF网络训练
clear all;
close all;

xite=0.50;
alfa=0.05;

bj=0.50;
c=[-1.5 -1 0 1 1.5;
   -1.5 -1 0 1 1.5;
   -1.5 -1 0 1 1.5];
%w=rands(25,2);
w=zeros(125,2);

w_1=w;
w_2=w_1;

E=1.0;
OUT=2;
k=0;
x=[1,0,0];                %理想输入
y=[1 0];                  %理想输出
while E>=1e-05
k=k+1;
times(k)=k;

%第1层：输入
f1=x;
%第2层：模糊化
for i=1:1:3
    for j=1:1:5
        net2(i,j)=-(f1(i)-c(i,j))^2/bj^2;
        f2(i,j)=exp(net2(i,j));
    end
end
%第3层：模糊推理(125条规则)
for j1=1:1:5
    for j2=1:1:5
        for j3=1:1:5
        ff3(j1,j2,j3)=f2(1,j1) * f2(2,j2) * f2(3,j3);
        end
    end
end
f3=[ff3(1,:),ff3(2,:),ff3(3,:),ff3(4,:),ff3(5,:)];
%第4层：输出
f4=w_1' * f3';
yn=f4;
```

```
ey=y-yn';
d_w=xite*ey'*f3;
w=w_1+d_w'+alfa*(w_1-w_2);

E=0;
for m=1:1:OUT
    E=E+0.5*(y(m)-yn(m))^2;          %输出误差
end

w_2=w_1;
w_1=w;
Ek(k)=E;
end                                   %while 循环结束
figure(1);
plot(times,Ek,'-or','linewidth',2);
xlabel('k');ylabel('E');

save wfile1 w;
```

2. 测试程序：chap7_2b.m

```
%模糊 RBF 网络测试
clear all;
load wfile1 w;
bj=0.50;
c=[-1.5 -1 0 1 1.5;
   -1.5 -1 0 1 1.5;
   -1.5 -1 0 1 1.5];

%N 样本
x=[1.000,0.000,0.000];
%x=[0.99,0.000,0.001];
%第1层：输入
f1=x;
%第2层：模糊化
for i=1:1:3
    for j=1:1:5
        net2(i,j)=-(f1(i)-c(i,j))^2/bj^2;
        f2(i,j)=exp(net2(i,j));
    end
end
%第3层：模糊推理(125 条规则)
for j1=1:1:5
    for j2=1:1:5
        for j3=1:1:5
```

```
        ff3(j1,j2,j3)=f2(1,j1) * f2(2,j2) * f2(3,j3);
      end
    end
end
f3=[ff3(1,:),ff3(2,:),ff3(3,:),ff3(4,:),ff3(5,:)];

%第4层：输出
f4=w' * f3';
yn=f4
```

仿真实例之二：多入多出

取标准样本为 3 个样本，每个样本为 3 个输入 2 个输出的样本，如表 7.4 所示。

表 7.4 训练样本

输	入		输	出
1	0	0	1	0
0	1	0	0	0.5
0	0	1	0	1

运行网络训练程序 chap7_2a.m，取网络训练的最终指标为 $E=10^{-20}$，网络训练指标的变化如图 7.3 所示。网络训练的最终权值为用于模型的知识库，将其保存在文件 wfile2.dat 中。运行网络测试程序 chap7_2b.m，调用文件 wfile2.dat，取一组实际样本进行测试，测试样本及结果见表 7.5。

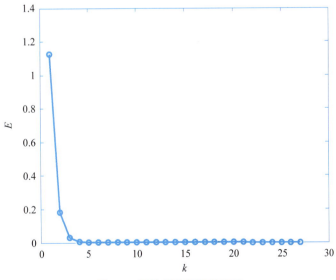

图 7.3 网络训练指标的变化

表 7.5 测试样本及结果

输	入		输	出
0.970	0.001	0.001	0.9862	0.0094
0.000	0.980	0.000	0.0080	0.4972
0.002	0.000	1.040	−0.0145	1.0202
0.500	0.500	0.500	0.2395	0.6108
1.000	0.000	0.000	1.0000	0.0000
0.000	1.000	0.000	0.0000	0.5000
0.000	0.000	1.000	0.0000	1.0000

由仿真结果可见,相同的输入得到相同的输出,相近的输入得到相近的输出,如果是新的没有经过训练的样本,则得到的输出即新的输入。这表明模糊 RBF 网络具有很好的非线性建模能力。

仿真程序:

1. 样本训练程序:chap7_2a.m

```
%针对多入多出多样本的模糊RBF网络训练
clear all;
close all;

xite=0.50;
alfa=0.05;

bj=0.50;
c=[-1.5 -1 0 1 1.5;
   -1.5 -1 0 1 1.5;
   -1.5 -1 0 1 1.5];
%w=rands(25,2);
w=zeros(125,2);
w_1=w;
w_2=w_1;

E=1.0;
OUT=2;
k=0;
NS=3;

xs=[1,0,0;
    0,1,0;
    0,0,1];            %理想输入
ys=[1,0;
    0,0.5;
    0,1];              %理想输出
```

```
while E>=1e-020
k=k+1;
times(k)=k;

for s=1:1:NS                        %分别对每个样本开始训练

%第1层：输入
f1=xs(s,:);

%第2层：模糊化
for i=1:1:3
    for j=1:1:5
        net2(i,j)=-(f1(i)-c(i,j))^2/bj^2;
        f2(i,j)=exp(net2(i,j));
    end
end
%第3层：模糊推理(125条规则)
for j1=1:1:5
    for j2=1:1:5
        for j3=1:1:5
    ff3(j1,j2,j3)=f2(1,j1) * f2(2,j2) * f2(3,j3);
        end
    end
end
f3=[ff3(1,:),ff3(2,:),ff3(3,:),ff3(4,:),ff3(5,:)];
%第4层：输出
f4=w_1' * f3';
yn=f4;

ey(s,:)=ys(s,:)-yn';
d_w=xite * ey(s,:)' * f3;
w=w_1+d_w'+alfa * (w_1-w_2);

eL=0;
y=ys(s,:);
for L=1:1:OUT
    eL=eL+0.5 * (y(L)-yn(L))^2;     %输出误差
end
es(s)=eL;

E=0;
if s==NS
    for s=1:1:NS
        E=E+es(s);
    end
end
w_2=w_1;
w_1=w;
```

```
end                                        %当前迭代次数下的训练结束

Ek(k)=E;
end                                        %while 循环结束
figure(1);
plot(times,Ek,'-or','linewidth',2);
xlabel('k');ylabel('E');

save wfile2 w;
```

2. 测试程序：chap7_2b.m

```
%模糊 RBF 网络测试
clear all;
load wfile2 w;

bj=0.50;
c=[-1.5 -1 0 1 1.5;
   -1.5 -1 0 1 1.5;
   -1.5 -1 0 1 1.5];
%N 样本
x=[0.970,0.001,0.001;
   0.000,0.980,0.000;
   0.002,0.000,1.040;
   0.500,0.500,0.500;
   1.000,0.000,0.000;
   0.000,1.000,0.000;
   0.000,0.000,1.000];
NS=7;
for s=1:1:NS
%第1层：输入
f1=x(s,:);
%第2层：模糊化
for i=1:1:3
    for j=1:1:5
        net2(i,j)=-(f1(i)-c(i,j))^2/bj^2;
        f2(i,j)=exp(net2(i,j));
    end
end
%第3层：模糊推理(125 条规则)
for j1=1:1:5
    for j2=1:1:5
        for j3=1:1:5
    ff3(j1,j2,j3)=f2(1,j1)*f2(2,j2)*f2(3,j3);
        end
```

```
        end
    end
    f3=[ff3(1,:),ff3(2,:),ff3(3,:),ff3(4,:),ff3(5,:)];

    %第4层：输出
    f4=w'*f3';
    yn(s,:)=f4;
end
yn
```

7.5　BP 神经网络与模糊神经网络训练测试

测试样本：取标准样本为 3 个样本，每个样本为 3 个输入 2 个输出的样本，如表 7.6 所示。

表 7.6　训练样本

输		入	输	出
1	0	0	1	0
0	1	0	0	0.5
0	0	1	0	1

7.5.1　BP 神经网络

根据 2.2.3 节的多入多出样本的 BP 网络离线学习算法，参照仿真程序 chap2_1a.m 和 chap2_1b.m，针对表 7.6，设计 BP 网络训练程序 chap7_3a.m，取网络训练的最终指标为 $E=10^{-20}$，BP 神经网络的训练如图 7.4 所示。网络训练的最终权值为用于模型的知识库，将其保存在文件 wfile1.dat 中，然后设计网络测试程序 chap7_3b.m，调用文件 wfile1.dat，取一组实际样本进行测试，测试样本及结果见表 7.7。

表 7.7　BP 神经网络测试样本及结果

输		入	输	出
0.970	0.001	0.001	0.9862	0.0094
0.000	0.980	0.000	0.0080	0.4972
0.002	0.000	1.040	−0.0145	1.0202
0.500	0.500	0.500	0.2395	0.6108
1.000	0.000	0.000	1.0000	0.0000
0.000	1.000	0.000	0.0000	0.5000
0.000	0.000	1.000	0.0000	1.0000

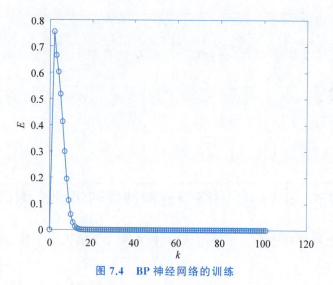

图 7.4　BP 神经网络的训练

仿真程序：

1. BP 样本训练程序：chap7_3a.m

```
%多入多出下多样本的 BP 网络训练
clear all;
close all;

xite=0.50;
alfa=0.05;

w2=rands(6,2);
w2_1=w2;w2_2=w2_1;

w1=rands(3,6);
w1_1=w1;w1_2=w1;
dw1=0*w1;

I=[0,0,0,0,0,0]';
Iout=[0,0,0,0,0,0]';
FI=[0,0,0,0,0,0]';

OUT=2;
k=0;
E=1.0;
NS=3;

%while E>=1e-020
for k=1:1:100
k=k+1;
```

```
times(k)=k;

for s=1:1:NS                                        %MIMO样本
xs=[1,0,0;
    0,1,0;
    0,0,1];                                         %理想输入
ys=[1,0;
    0,0.5;
    0,1];                                           %理想输出

x=xs(s,:);
for j=1:1:6
    I(j)=x*w1(:,j);
    Iout(j)=1/(1+exp(-I(j)));
end

yl=w2'*Iout;
yl=yl';

el=0;
y=ys(s,:);
for l=1:1:OUT
    el=el+0.5*(y(l)-yl(l))^2;                       %输出误差
end

E=0;
if s==NS
    for s=1:1:NS
        E=E+el;
    end
end
el=y-yl;

w2=w2_1+xite*Iout*el+alfa*(w2_1-w2_2);

for j=1:1:6
    S=1/(1+exp(-I(j)));
    FI(j)=S*(1-S);
end

for i=1:1:3
    for j=1:1:6
        dw1(i,j)=xite*FI(j)*x(i)*(el(1)*w2(j,1)+el(2)*w2(j,2));
    end
end
w1=w1_1+dw1+alfa*(w1_1-w1_2);

w1_2=w1_1;w1_1=w1;
```

```
w2_2=w2_1;w2_1=w2;
end                                        %for 循环结束
Ek(k)=E;
end                                        %while 循环结束
figure(1);
plot(times,Ek,'-or','linewidth',1);
xlabel('k');ylabel('E');
E

save wfile1 w1 w2;
```

2. 测试程序:chap7_3b.m

```
%BP 测试
clear all;
load wfile1 w1 w2;

%N 样本
x=[0.970,0.001,0.001;
   0.000,0.980,0.000;
   0.002,0.000,1.040;
   0.500,0.500,0.500;
   1.000,0.000,0.000;
   0.000,1.000,0.000;
   0.000,0.000,1.000];
for i=1:1:7
    for j=1:1:6
      I(i,j)=x(i,:) * w1(:,j);
          Iout(i,j)=1/(1+exp(-I(i,j)));
    end
end
y=w2' * Iout';
y=y'
```

7.5.2 模糊 RBF 神经网络

针对表 7.6,根据 7.3 节和 7.4 节的模糊 RBF 网络训练算法,参照仿真程序 chap7_2a.m 和 chap7_2b.m,设计模糊 RBF 网络训练程序 chap7_4a.m,取网络训练的最终指标为 $E = 10^{-20}$,模糊 RBF 神经网络的训练如图 7.5 所示。网络训练的最终权值为用于模型的知识库,将其保存在文件 wfile2.dat 中,然后设计网络测试程序 chap7_4b.m,调用文件 wfile2.dat,取一组实际样本进行测试,测试样本及结果见表 7.8。

表 7.8 模糊神经网络测试样本及结果

输	入		输	出
0.970	0.001	0.001	0.9862	0.0094
0.000	0.980	0.000	0.0080	0.4972

续表

输	入		输	出
0.002	0.000	1.040	−0.0145	1.0202
0.500	0.500	0.500	0.2395	0.6108
1.000	0.000	0.000	1.0000	0.0000
0.000	1.000	0.000	0.0000	0.5000
0.000	0.000	1.000	−0.0000	1.0000

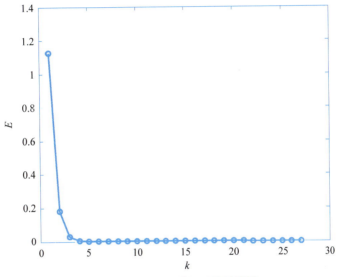

图 7.5 模糊 RBF 神经网络的训练

由仿真结果可见,两种神经网络都可以达到很好的学习能力,相同的输入得到相同的输出,相近的输入得到相近的输出,如果是新的没有经过训练的样本,则得到的输出即新的输入。这表明模糊 RBF 网络具有很好的非线性建模能力。

可见,针对最终指标 $E=10^{-20}$,采用 BP 网络进行学习,需要近 141 次的迭代,而采用模糊神经网络进行学习,只需要 27 次迭代。

为了更明显地比较二者的训练精度,针对表 7.6 的训练样本,同时采用 100 次迭代训练,采用 BP 网络,训练后得到的误差为 1.1680e-19,而采用模糊神经网络,训练后得到的误差为 6.1630e-33。

仿真程序:

1. 样本训练程序:chap7_4a.m

```
%多入多出下多样本的模糊 RBF 网络训练
clear all;
close all;
```

```
xite=0.50;
alfa=0.05;

bj=0.50;
c=[-1.5 -1 0 1 1.5;
   -1.5 -1 0 1 1.5;
   -1.5 -1 0 1 1.5];
%w=rands(25,2);
w=zeros(125,2);
w_1=w;
w_2=w_1;

E=1.0;
OUT=2;
k=0;
NS=3;

xs=[1,0,0;
    0,1,0;
    0,0,1];                    %理想输入
ys=[1,0;
    0,0.5;
    0,1];                      %理想输出

%while E>=1e-020
for k=1:1:100
k=k+1;
times(k)=k;

for s=1:1:NS

%第1层：输入
f1=xs(s,:);

%第2层：模糊化
for i=1:1:3
    for j=1:1:5
        net2(i,j)=-(f1(i)-c(i,j))^2/bj^2;
        f2(i,j)=exp(net2(i,j));
    end
end
%第3层：模糊推理(125条规则)
for j1=1:1:5
    for j2=1:1:5
        for j3=1:1:5
    ff3(j1,j2,j3)=f2(1,j1) * f2(2,j2) * f2(3,j3);
        end
    end
```

```
end
f3=[ff3(1,:),ff3(2,:),ff3(3,:),ff3(4,:),ff3(5,:)];
%第4层：输出
f4=w_1'*f3';
yn=f4;

ey(s,:)=ys(s,:)-yn';
d_w=xite*ey(s,:)'*f3;
w=w_1+d_w'+alfa*(w_1-w_2);

eL=0;
y=ys(s,:);
for L=1:1:OUT
    eL=eL+0.5*(y(L)-yn(L))^2;            %输出误差
end
es(s)=eL;

E=0;
if s==NS
    for s=1:1:NS
        E=E+es(s);
    end
end
w_2=w_1;
w_1=w;
end                                       %当前迭代次数下的训练结束

Ek(k)=E;
end                                       %while循环结束
figure(1);
plot(times,Ek,'-or','linewidth',2);
xlabel('k');ylabel('E');
E

save wfile2 w;
```

2. 测试程序：chap7_4b.m

```
%模糊RBF网络测试
clear all;
load wfile2 w;

bj=0.50;
c=[-1.5 -1 0 1 1.5;
   -1.5 -1 0 1 1.5;
   -1.5 -1 0 1 1.5];
%N样本
```

```matlab
x=[0.970,0.001,0.001;
   0.000,0.980,0.000;
   0.002,0.000,1.040;
   0.500,0.500,0.500;
   1.000,0.000,0.000;
   0.000,1.000,0.000;
   0.000,0.000,1.000];
NS=7;
for s=1:1:NS
%第1层：输入
    f1=x(s,:);
%第2层：模糊化
for i=1:1:3
    for j=1:1:5
        net2(i,j)=-(f1(i)-c(i,j))^2/bj^2;
        f2(i,j)=exp(net2(i,j));
    end
end
%第3层：模糊推理(125条规则)
for j1=1:1:5
    for j2=1:1:5
        for j3=1:1:5
ff3(j1,j2,j3)=f2(1,j1) * f2(2,j2) * f2(3,j3);
        end
    end
end
f3=[ff3(1,:),ff3(2,:),ff3(3,:),ff3(4,:),ff3(5,:)];

%第4层：输出
f4=w' * f3';
yn(s,:)=f4;
end
yn
```

7.6 采用工具箱的模糊 RBF 神经网络训练与测试

7.6.1 ANFIS 简介

自适应网络模糊推理系统，也称为基于自适应网络的模糊推理系统（Adaptive Network based Fuzzy Inference System，ANFIS）。ANFIS 由加利福尼亚大学伯克利分校的 Jang Roger 于 1993 年提出，是一种综合了神经网络自适应性的模糊推理系统。它综合神经网络的学习算法和模糊推理的简洁形式，通过对训练数据组的学习，实现输入、输出的高精度逼近，该模型既具有学习机制，又具有模糊系统的语言推理能力等优点。

MATLAB 仿真软件提供了一个功能强大的 ANFIS 工具箱函数，该网络具有强大的拟合能力，可以拟合复杂的多输入多输出数据之间的非线性关系。通过训练后的 ANFIS，可以实现针对新输入的输出预测。

ANFIS 工具箱函数包括 genfis 函数、anfis 函数和 evalfis 函数,其中 genfis 函数可根据所设计的参数生成模糊神经网络系统,采用该系统,根据 anfis 函数对输入、输出数据进行训练,evalfis 函数根据给定的模糊推理系统和输入值,计算对应的输出值。它的输入参数包括模糊推理系统、输入变量和输入值,输出参数为输出变量和输出值,通过调用 evalfis 函数,可得到模糊推理系统的输出结果。

7.6.2 仿真实例

例 1 采用自适应网络模糊推理系统拟合正弦函数 $y=\sin x$,x 的取值范围为 $[0,10]$,采样间隔为 $\Delta x=0.001$。

按图 7.1 设计模糊神经网络结构,采用如下步骤构造自适应网络模糊推理系统,实现函数的拟合。

(1) 创建网络。

本仿真中,有 1 个输入和 1 个输出,针对每个输出设计模糊神经网络进行训练,采用高斯基函数进行模糊化,对输入设计 8 个高斯基函数,故生成 8 条模糊规则,网络结构为 1-8-8-1。采用 genfis 函数建立神经网络模糊推理系统。

(2) 训练网络。

针对建立的模糊推理系统,采用 anfis 函数对输入、输出进行训练,采用 evalfis 函数测试,将用于训练的样本输入作为测试输入,取训练次数 30。

仿真程序为 chap7_5.m,采用用于训练的输入数据作为测试数据,训练后的拟合结果如图 7.6 所示,训练后的均方根误差为 0.00254923。

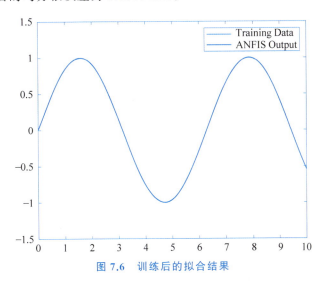

图 7.6 训练后的拟合结果

仿真程序:chap7_5.m

```
clear all;
close all;
```

```
k=0:1:10000;
dx=0.001;
x=k*dx;
y=sin(x);                                    %输入 x,输出 y
x=x';y=y';
trnData=[x,y];

opt=genfisOptions('GridPartition');          %创建默认选项集,用于生成模糊推理系统结构
opt.NumMembershipFunctions =[8];             %基函数个数
opt.InputMembershipFunctionType =["gaussmf"];   %设计基函数

in_fis=genfis(x,y,opt);                      %生成模糊神经网络系统
out_fis=anfis(trnData,in_fis,30);            %系统输入、输出的训练,30 为训练次数
yn=evalfis(out_fis,x);                       %仿真测试

plot(x,y,'r',x,yn,'b','linewidth',1);
legend('Training Data','ANFIS Output');
```

例 2 取标准样本为 3 个输入 1 个输出的样本,如表 7.9 所示。

表 7.9 训练样本

输	入		输 出
1	0	0	1
0	1	0	0.5
0	0	1	0

采用自适应网络模糊推理系统拟合表 7.9 中的输入、输出。按图 7.1 设计模糊神经网络结构,采用如下步骤构造自适应网络模糊推理系统,实现训练样本的拟合。

(1) 创建网络。

本仿真中,有 3 个输入和 1 个输出,共 3 个样本。针对每个输出设计模糊神经网络进行训练,采用高斯基函数进行模糊化,对输入设计 5 个基函数,故生成 125 条模糊规则,网络结构为 3-15-125-1。采用 genfis 函数建立模糊推理系统。

(2) 训练网络。

针对所建立的模糊推理系统,采用 anfis 函数对输入、输出进行训练,采用 evalfis 函数测试,将用于训练的样本输入作为测试输入,取训练次数 10。

首先运行网络训练程序 chap7_6a.m,网络训练的最终权值为用于模型的知识库,将其保存在文件 fis_file.dat 中,然后运行网络测试程序 chap7_6b.m,调用文件 fis_file.dat,取一组实际样本进行测试,测试样本及结果分别见表 7.9 和表 7.10,测试均方根误差为 3.23835e-07。可见,所建立的 ANFIS 具有很强的学习能力和逼近能力。

表 7.10 针对测试输入的输出

输	入		输 出
1.001	0.001	0.001	1.000
0.001	1.001	0.001	0.499
0.001	0.001	1.001	0.000

仿真程序：

1. 样本训练程序：chap7_6a.m

```
clear all;
close all;

x=[1,0,0;
   0,1,0;
   0,0,1];                                          %理想输入
y=[1 0.5 0]';                                       %理想输出

trnData=[x,y];

opt =genfisOptions('GridPartition');
%创建默认选项集,用于生成模糊推理系统结构
opt.NumMembershipFunctions =[5];                    %基函数个数
opt.InputMembershipFunctionType =["gaussmf"];       %设计三角形基函数

in_fis=genfis(x,y,opt);                             %生成模糊神经网络系统
out_fis=anfis(trnData,in_fis,10);                   %系统输入、输出的训练,训练次数为10

save fis_file out_fis;
```

2. 测试程序：chap7_6b.m

```
clear all;
close all;
load fis_file;

format long;
x1=[1,0,0;
    0,1,0;
    0,0,1];                                         %理想输出
yn=evalfis(out_fis,x1)                              %仿真测试
```

参 考 文 献

[1] TAKAGI T,SUGENO M. Fuzzy identification of systems and its application to modeling and control [J]. IEEE Transaction on Systems,Man, and Cybernetics,1985,15(1)：116-132.

[2] 段艳杰,吕宜生,张杰,等. 深度学习在控制领域的研究现状与展望[J].自动化学报,42(5)：643-654.

[3] 刘金琨.智能控制[M].5 版.北京：电子工业出版社,2021.

[4] 刘金琨.一种模糊神经网络算法的案例教学探讨[J].大学教育,2022,12：93-96.

思 考 题

1. 模糊 RBF 网络有何特点？分析其优点和缺点。
2. 简述模糊 RBF 网络与 RBF 网络的区别与联系。
3. 模糊 RBF 网络与基于模糊规则的模糊逻辑系统有何区别与联系？
4. 影响模糊 RBF 网络的参数有哪些？如何进一步增加模糊 RBF 网络的逼近精度？
5. 模糊 RBF 网络能实现模型逼近的原理是什么？
6. 在模糊 RBF 神经网络中，对输入的模糊化有何理论意义和工程意义？
7. 为何模糊 RBF 网络隐含层节点的模糊化采用高斯基函数？高斯基函数设计的原则是什么？
8. 在模糊 RBF 网络训练中，如何通过优化理论（如粒子群优化算法等）优化模糊规则的数量？
9. 参考第 4 章的设计方法，以第 1 章例 2 的体脂数据集为例，设计模糊 RBF 网络的数据拟合与误差补偿方法。

第8章　ELM 网络算法设计

传统的 BP 神经网络大多采用梯度下降法,因此会出现训练速度慢,容易陷入局部最优,对学习率敏感,容易过拟合等问题。黄广斌教授提出一种基于极限学习机(Extreme Learning Machine,ELM)的神经网络训练算法,在训练阶段采用随机的输入层权重和偏差,对于输出层权重则通过广义逆矩阵理论计算得到,无须迭代,训练速度快,同时具有较好的泛化性能。

ELM 在 2004 年由新加坡南洋理工大学的黄广斌教授提出,其理论和应用被广泛研究[1]。ELM 是当前一类非常热门的机器学习算法,被用来训练单隐含层前馈神经网络。

ELM 是一类基于前馈神经网络构建的机器学习系统或方法,适用于监督学习和非监督学习问题。ELM 在研究中被视为一类特殊的前馈神经网络,或对前馈神经网络及其反向传播算法的改进,其特点是隐含层节点的权重为随机或人为给定的,且不需要更新,学习过程仅计算输出权重。

传统的 ELM 具有单隐含层,在与其他浅层学习系统,例如单层感知机和支持向量机比较时,在学习率和泛化能力方面具有优势。

8.1　ELM 神经网络的特点

传统的单隐含层前馈神经网络(SLFN)以其良好的学习能力在许多领域得到了应用,但传统的学习算法(如 BP 算法等)具有固有的一些缺点,成为制约其发展的主要瓶颈。传统的学习算法大多采用梯度下降法,存在以下几方面的不足:①需要多次迭代,训练速度慢;②容易陷入局部极小点,无法达到全局最优;③对学习率敏感。

ELM 随机是一个新的学习算法,其随机产生输入层与隐含层间的连接权重及隐含层神经元的阈值,且在训练过程中无须调整,只需要设置隐含层神经元的个数,输出层权重通过最小化,由训练误差指标,并依据广义逆矩阵理论求出,便可以获得唯一的全局最优解。理论研究表明,ELM 仍保持很好的逼近能力[2-4],文献[5]通过应用 ELM 神经网络,从实际飞行数据中估计空气动力学参数,验证了此方法的适用性。

8.2　网络结构与算法

ELM 网络结构与单隐含层前馈神经网络一样,但在训练阶段不再是传统的梯度算法(后向传播),而是采用随机的输入层权重和偏差,对于输出层权重则通过广义逆矩阵理论计算得到。无须迭代,网络节点上的权重和偏差得到后极限学习机的训练就完成,针对新的测试数据,利用输出层权重便可计算出网络输出。

ELM 神经网络结构如图 8.1 所示,x 为网络输入,$x \in \mathbf{R}^L$,t 为网络输出,ELM 隐含层

节点数为 L，$h_i(\boldsymbol{x})$ 为隐含层第 i 个节点的输出，即

$$h_i(\boldsymbol{x}) = g(\boldsymbol{w}_i \boldsymbol{x} + \boldsymbol{b}_i) \tag{8.1}$$

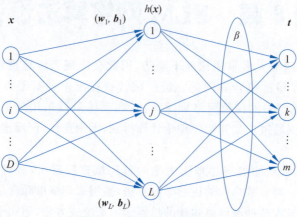

图 8.1　ELM 神经网络结构

其中 $\boldsymbol{w}_i$ 和 $\boldsymbol{b}_i$ 为第 i 个隐含层神经元的输入层权重和偏差，$\boldsymbol{w}_i \in \mathbf{R}^D$，$t \in \mathbf{R}^m$，$g(\cdot)$ 是激活函数，即满足 ELM 通用逼近能力定理的非线性分段连续函数，常用的有 Sigmoid 函数、高斯基函数等。

ELM 输出为

$$f_L(\boldsymbol{x}) = \sum_{i=1}^{L} \beta_i h_i(\boldsymbol{x}) = \boldsymbol{H}(\boldsymbol{x}) \boldsymbol{\beta} \tag{8.2}$$

其中 $\boldsymbol{\beta}$ 为隐含层节点与输出层节点之间的权重向量。

8.3　ELM 网络的训练

ELM 网络的训练分两步：①随机特征映射；②线性参数求解。

第一步，隐含层参数随机进行初始化，通过激活函数将输入数据映射到一个新的特征空间，隐含层节点参数（$\boldsymbol{w}$ 和 $\boldsymbol{b}$）根据任意连续的概率分布随机生成，而不是经过训练确定的，从而致使与传统 BP 神经网络相比在效率方面占很大优势。

经过第一阶段，$\boldsymbol{w}$ 和 $\boldsymbol{b}$ 已随机产生而确定下来，然后根据式（8.1）和式（8.2）计算出隐含层输出 $\boldsymbol{H}(\boldsymbol{x})$。

第二步，求解输出层的权值 $\boldsymbol{\beta}$。用于求解权值 $\boldsymbol{\beta}$ 的目标函数如下：

$$\min \|\boldsymbol{H}\boldsymbol{\beta} - \boldsymbol{T}\|^2, \quad \boldsymbol{\beta} \in \mathbf{R}^{L \times m} \tag{8.3}$$

其中 $\boldsymbol{H}$ 是隐含层的输出矩阵，$\boldsymbol{T}$ 是训练数据的目标矩阵。

该目标函数最小的解就是最优解，即通过最小化近似平方差的方法对连接隐含层和输出层的权重 $\boldsymbol{\beta}$ 进行求解，式（8.3）的最优解为

$$\boldsymbol{\beta}^* = \boldsymbol{H}^{-1} \boldsymbol{T} \tag{8.4}$$

其中 $\boldsymbol{H}^{-1}$ 为矩阵 $\boldsymbol{H}$ 的 Moore-Penrose 广义逆矩阵。

网络输出为

$$y = H\boldsymbol{\beta}^* \tag{8.5}$$

8.4 仿真实例

例 1 多输入多输出样本的训练

取标准样本为 3 个样本,每个样本为 3 个输入 2 个输出样本,如表 8.1 所示。

表 8.1 训练样本

输		入	输	出
1	0	0	1	0
0	1	0	0	0.5
0	0	1	0	1

采用式(8.1)、式(8.4)和式(8.5)进行仿真设计,在仿真测试中,取隐含层节点数为 7 个,隐含层神经元的输入层权重和偏差取[−1,1]的随机值,并保存在文件 wfile1 中。采用 Sigmoid 函数为隐含层节点的激活函数,采用 Pinv($\boldsymbol{H}$) 求 $\boldsymbol{H}$ 的 Moore-Penrose 广义逆矩阵,Pinv()的定义见 MATLAB 下帮助的参考页,该函数不仅可以实现非满秩矩阵的逆,而且可以实现满足式(8.3)的优化目标。

运行网络训练程序 **chap8_1a.m**,网络训练的最终权重为用于模型的知识库,将其保存在文件 ELM_wfile.dat 中。运行网络测试程序 **chap8_1b.m**,调用文件 wfile1.dat,取一组实际样本进行测试,测试结果见表 8.2。

表 8.2 ELM 神经网络测试结果

输		入	输	出
1	0	0	1	0
0	1	0	0	0.5
0	0	1	0	1

采用 ELM 算法,最终指标为 $E = 2.82 \times 10^{-30}$。可见,采用 ELM 算法,设计简单,无须采用基于梯度下降算法的迭代便可以达到较高的精度。

仿真程序:

1. 训练程序:chap8_1a.m

```
%MIMO 系统的 ELM 训练
clear all;
close all;

xs=[1 0 0;
    0 1 0;
    0 0 1];                                        %理想输入
```

```
T=[1 0;
   0 0.5;
   0 1];                              %理想输出
L=7;                                  %隐含层节点数

w=rands(3,L);
b=rands(3,L);
Beta=rands(L,2);

I =xs * w+b;
H=1./(1+exp(-I));
Beta=pinv(H) * T;                     %广义逆
y =H * Beta;

e =y-T;
%E=sum(e.^2,'all')
E=sum(sum(e.^2))

save ELM_wfile w b Beta;
```

2. 测试程序：chap8_1b.m

```
%测试 ELM
clear all;
load ELM_wfile w b Beta;

%N 样本
x=[1 0 0;
   0 1 0;
   0 0 1];

I=x * w+b;
H=1./(1+exp(-I));
y=Beta' * H';
y=y'
```

例 2 体脂数据集输入、输出的拟合

以第 1 章的体脂数据集输入、输出拟合为例，采用 ELM 神经网络进行训练和预测。由于 ELM 网络隐含层节点是 Sigmoid 函数，如果网络的输入值较大，会造成隐含层的节点输出为 1.0，导致网络对输入的激活无效。为此，需要对网络的输入进行归一化处理。由于样本集中每个输入参数的范围不同，因此需要对每个参数分别进行归一化。

见第 2 章的"2.2.2 输入信息的归一化"一节，输入参数 $x_i(i=1,2,\cdots,n)$ 归一化为范围 $[-1,1]$ 的方法是 $x_i' = \dfrac{x_i - x_{\min}}{x_{\max} - x_{\min}}$，其中 $x_{\min}$ 和 $x_{\max}$ 分别为参数 x_i 的最小值和最大值。

仿真中，输入信号 xs 是一个矩阵形式，size(xs)=[200 13]，即用于训练的数据集中共

有200个样本,每个样本有13个参数,不同的参数处于矩阵中不同的列,故输入信号 xs 为一个200行、13列的矩阵。采用式(8.1)、式(8.4)和式(8.5)进行仿真设计。

针对第1章表1.2数据集的输入、输出变量,采用两个步骤对数据进行拟合,并实现实验数据的预测:①输入、输出训练;②利用训练的网络进行测试。隐含层神经元的输入层权重和偏差取[-1,1]的随机值。首先取252组样本中的200组进行训练,运行网络训练程序 chap8_2a.m。网络训练中,$M=1$ 时,未对输入信息进行归一化,训练的拟合结果如图8.2所示;$M=2$ 时,对输入信息进行了归一化。为了程序简洁,采用直接对数据矩阵进行归一化的方法。

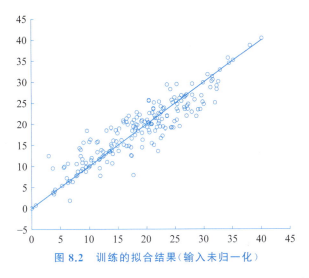

图 8.2 训练的拟合结果(输入未归一化)

训练后的拟合结果如图8.3所示。可见,输入信号归一化后可获得较好的拟合效果。将归一化后的网络训练最终权值保存在文件 wfile_elm.dat 中。运行网络测试程序 chap8_2b.m,调用文件 wfile_elm.dat,根据训练后的神经网络权值,针对剩余的52组样本进行测试,测试结果如图8.4所示。可见,训练后的 ELM 可用于新样本的预测,具有很好的预测精度。

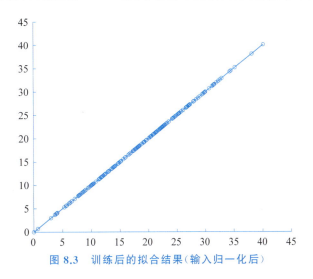

图 8.3 训练后的拟合结果(输入归一化后)

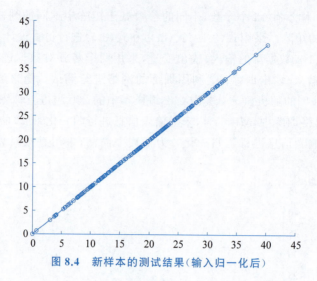

图 8.4 新样本的测试结果(输入归一化后)

仿真程序：

1. ELM 训练程序：chap8_2a.m

```
%ELM 神经网络
clear all;
close all;
load bodyfat_dataset                        %MATLAB 数据库
[x,y]=bodyfat_dataset;

Size=200;
N=1:Size;
xs=x(1:13,N);                               %理想数据
yd=y(1:1,N);
xs=xs';
yd=yd';

x_L =min(xs);
x_H =max(xs);

M=2;
if M==1
    xs_new=xs;                              %未归一化
elseif M==2
    xs_new=(xs-ones(Size,1) * x_L)./(ones(Size,1) * (x_H-x_L));    %归一化
end
%训练
w=rands(13,300);
b=rands(1,300);
I=xs_new * w+ones(Size,1) * b;
H =1./(1+exp(-I));
```

```
Beta =pinv(H) * yd;
yn=H * Beta;

figure(1);
scatter(yd,yn,'blue','SizeData',20);
hold on;
plot(yd,yd,'r','linewidth',1);
save wfile_elm w b;
```

2. ELM 预测程序：chap8_2b.m

```
%ELM 神经网络
clear all;
close all;
load wfile_elm w b
load bodyfat_dataset                              %MATLAB 内置数据集
[x,y]=bodyfat_dataset;
N=201:252;                                        %52

xs=x(1:13,N);                                     %理想数据
yd=y(1:1,N);
xs=xs';
yd=yd';

x_L =min(xs);
x_H =max(xs);
xs_new=(xs-ones(52,1) * x_L) ./(ones(52,1) * (x_H-x_L))   %归一化

I=xs_new * w+ones(52,1) * b;

H =1./(1+exp(-I));
Beta =pinv(H) * yd;
yn=H * Beta;

figure(1);
scatter(yd,yn,'blue','SizeData',20);
hold on;
plot(yd,yd,'r','linewidth',1);
```

参 考 文 献

[1] HUANG G B，ZHU Q Y，SIEW C K. Extreme learning machine：a new learning scheme of feedforward neural networks[C]//IEEE International Joint Conference on Neural Networks. New York，USA：IEEE，2004，2：985-990.

[2] HUANG G B，ZHU Q Y，SIEW C K. Extreme learning machine：theory and applications[J]. Neurocomputing，2006，70(1-3)：489-501.

[3] HUANG G. B. An insight into extreme learning machines: random neurons, random features and kernels[J]. Cognitive Computation, 2014, 6(3): 376-390.
[4] HUANG G, HUANG G B, SONG S et.al. Trends in extreme learning machines: A review[J]. Neural Networks, 2015, 61: 32-48.
[5] VERMA H O, PEYADA N K. Aircraft parameter estimation using ELM network [J]. Aircraft Engineering and Aerospace Technology, 2020, 92(6): 895-907.

思 考 题

1. ELM 网络算法有何特点？分析其优点和缺点。
2. 简述 ELM 网络算法与传统神经网络(如 BP 网络、RBF 网络)的区别与联系。
3. 影响 ELM 网络的参数有哪些？如何进一步增加 ELM 网络的逼近精度？
4. ELM 网络能实现模型逼近的原理？
5. 为何 ELM 网络隐含层节点可采用 Sigmoid 函数或高斯基函数？它们二者的区别是什么？隐含层节点函数设计的原则是什么？
6. ELM 神经网络目前理论进展如何？它在实际工程中有哪些应用？
7. ELM 网络为何不需要多次迭代训练，就可以实现高精度逼近？
8. 为什么 ELM 神经网络在训练时会产生过拟合现象，如何解决？
9. 在 ELM 神经网络训练中，如何优化网络隐含层神经元的输入层初始权值和初始偏差，使网络的收敛速度变快？
10. 在 ELM 神经网络训练中，通过仿真，测试隐含层节点数对逼近精度有何影响？通过曲线图加以说明。
11. 参考第 4 章的设计方法，以第 1 章例 2 的体脂数据集为例，设计 ELM 网络的数据拟合与误差补偿方法。

第 9 章 基于高斯基函数特征提取的 FELM 神经网络

考虑到 ELM 神经网络的输入层至隐含层是随机权值映射,输出层权值又依据广义逆矩阵理论求出,因此训练精度依赖输入层的权值,而随机给定的输入层权值不能保证良好的训练效果,容易产生过拟合。基于高斯基函数特征映射的模糊极限学习机神经(Fuzzy Extreme Learn Machine,FELM)网络的结构是在 ELM 网络结构基础上设计的,采用确定性的基函数对输入进行特征映射,避免了随机给定权值的不确定性,又可以保证较高的训练精度,同时可以有效避免严重的过拟合现象。

9.1 FELM 网络结构与算法

FELM 网络结构如图 9.1 所示,x 为网络输入,$x \in \mathbf{R}^L$,t 为网络输出,FELM 隐含层节点数为 L,$h_i(x)$ 为隐含层第 i 个节点的输出,即

$$h_i(x) = g(x) \tag{9.1}$$

其中 $g(\cdot)$ 是激活函数,即满足 FELM 通用逼近能力定理的非线性连续基函数,常用高斯基函数。

FELM 输出为

$$f_L(x) = \sum_{i=1}^{L} \beta_i h_i(x) = H(x)\beta \tag{9.2}$$

其中 β 为隐含层节点与输出层节点之间的权值向量。

9.2 FELM 网络的学习算法

FELM 网络的训练分两步:①基函数特征映射;②线性参数求解。

第一步:设计输入层

该层的每个节点 i 的输入、输出表示为

$$f_1(i) = x = [x_1, x_2] \tag{9.3}$$

第二步:设计基函数层

通过基函数将输入层数据映射到一个新的特征空间,隐含层节点输出是通过基函数确定的,而不是根据任意连续的概率分布随机生成,从而致使与传统 ELM 神经网络相比在效率方面占很大优势。

隐含层各个节点直接与输入层的各个输入连接。图 9.1 中,针对每个输入采用 5 个基

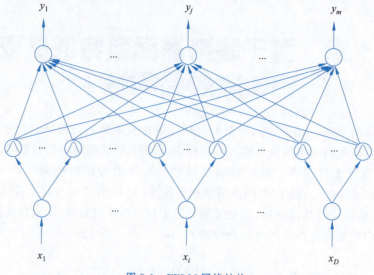

图 9.1 FELM 网络结构

函数进行特征提取。采用高斯基函数作为基函数，c_{ij} 和 b_j 分别是第 i 个输入变量第 j 个基函数的中心点位置和宽度。

$$f_2(i,j) = \exp\left(-\frac{(f_1(i)-c_{ij})^2}{b_j^2}\right) \tag{9.4}$$

其中 $i=1,2, j=1,2,3,4,5$。

为了使输入得到有效的映射，需要根据网络输入值的范围设计基函数参数。以单个输入 $x=3\sin 2\pi t$ 为例，输入值范围为 $[-3,3]$，设计 5 个高斯基函数进行特征提取，取 $c=[-1.5 \ -1 \ 0 \ 1 \ 1.5]$，$b_j=0.50$，仿真程序为 **chap9_1mf.m**，仿真结果如图 9.2 所示。显然，该程序适合范围为 $[-3,3]$ 的网络输入的特征提取。

基函数设计程序：**chap9_1mf.m**

```
%高斯基函数设计
clear all;
close all;
bj=0.50;
c=[-1.5 -1 0 1 1.5];
h=[0 0 0 0 0];
ts=0.001;
for k=1:1:2000
time(k)=k*ts;
x=3*sin(2*pi*k*ts);                %输入
for j=1:1:5
    h(j)=exp(-norm(x-c(:,j))^2/(2*bj^2));
end
xk(k)=x;
%5个高斯基函数
```

```
h1(k)=h(1);h2(k)=h(2);h3(k)=h(3);h4(k)=h(4);h5(k)=h(5);
end
figure(1);
plot(xk,h1,'k',xk,h2,'k',xk,h3,'k',xk,h4,'k',xk,h5,'k','linewidth',2);
xlabel('x');ylabel('Membership function degree');
```

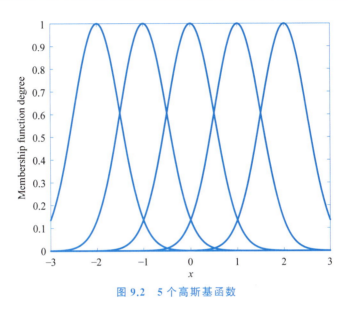

图 9.2　5 个高斯基函数

经过第一步和第二步将隐含层的输出确定下来,根据式(9.3)和式(9.4)计算隐含层输出 $f_2(i,j)$。

第三步:设计输出层

求解输出层的权值 $\boldsymbol{\beta}$。用于求解权值 $\boldsymbol{\beta}$ 的目标函数如下:

$$\min \|\boldsymbol{H}\boldsymbol{\beta} - \boldsymbol{T}\|^2, \quad \boldsymbol{\beta} \in \mathbf{R}^{L \times m} \tag{9.5}$$

其中 $\boldsymbol{H}(\boldsymbol{x}) = f_2$,$\boldsymbol{H}$ 是隐含层的输出矩阵,$\boldsymbol{T}$ 是训练数据的目标矩阵。

该目标函数最小的解就是最优解,即通过最小化近似平方差的方法对连接隐含层和输出层的权重 $\boldsymbol{\beta}$ 进行求解,式(9.5)的最优解为

$$\boldsymbol{\beta}^* = \boldsymbol{H}^{-1}\boldsymbol{T} \tag{9.6}$$

其中 $\boldsymbol{H}^{-1}$ 为矩阵 $\boldsymbol{H}$ 的 Moore-Penrose 广义逆矩阵。

网络输出为

$$y = \boldsymbol{H}\boldsymbol{\beta}^* \tag{9.7}$$

采用均方误差指标评价数据输入、输出的拟合性能,即

$$指标 = \frac{1}{n}\sum_{i=1}^{n}(y_i - \hat{y}_i)^2$$

9.3 仿真实例

取标准样本为 3 个样本,每个样本为 3 个输入 2 个输出的样本,如表 9.1 所示。

表 9.1 训练样本

输	入		输	出
1	0	0	1	0
0	1	0	0	0.5
0	0	1	0	1

针对所要解决的问题,首先选择 FELM 神经网络的结构,然后利用式(9.4)、式(9.6)和式(9.7)设计神经网络算法。采用 3 个输入 2 个输出的 FELM 神经网络结构,针对每个输入采用 5 个基函数进行特征提取,则神经网络的输入、输出结构为 3-15-2,针对表 9.1 中输入的范围,高斯基函数参数取为

$$c = [c_{ij}] = \begin{bmatrix} -1.5 & -1 & 0 & 1 & 1.5 \\ -1.5 & -1 & 0 & 1 & 1.5 \\ -1.5 & -1 & 0 & 1 & 1.5 \end{bmatrix}$$ 和 $b_j = 0.50$, $i = 1,2,3$, $j = 1,2,3,4,5$。

采用 Pinv(H)求 H 的 Moore-Penrose 广义逆矩阵,Pinv( )的定义见 MATLAB 下帮助的参考页,该函数不仅可以实现非满秩矩阵的逆,而且可以实现满足式(9.5)的优化目标。

运行网络训练程序 chap9_2a.m,均方误差指标为 7.236e-32,将网络训练的最终权值及高斯基函数参数保存在文件 FELM_wfile.mat 中。调用文件 FELM_wfile.mat,运行网络测试程序 chap9_2b.m,取一组实际输入数据进行测试,测试结果见表 9.2 所示。

表 9.2 FELM 神经网络测试结果

输	入		输	出
0.97	0.001	0.001	0.9989	0.0006
0.98	0	0	−0.0002	0.5002
0.002	0	1.04	0.0053	0.9811
1	0	0	1	0
0	1	0	0	0.5
0	0	1	0	1

仿真程序:

1. 训练程序:chap9_2a.m

```
%模糊 ELM
clear all;
```

```
close all;

xs=[1 0 0;
    0 1 0;
    0 0 1];                    %理想输入
ys=[1 0;
    0 0.5;
    0 1];                      %理想输出
T=ys;

n_x = size(xs,2);
n_y = size(ys,2);
NS = size(xs,1);

xs_L = min(xs);
xs_H = max(xs);
n_c = 5;
for i = 1:n_x
    c(i,:) = linspace(xs_L(i),xs_H(i),n_c);
    bj(i) = 1 * (xs_H(i) - xs_L(i)) / 5;
end

for s=1:1:NS                   %开始训练

%第1层：输入
f1=xs(s,:);

%第2层：模糊化
for i=1:1:n_x
    for j=1:1:n_c
        net2((i-1) * n_c+j) = -(f1(i)-c(i,j))^2/bj(i)^2;
        f2((i-1) * n_c+j) = exp(net2((i-1) * n_c+j));
    end
end
x(s,:)=f2;
end
H=x;
Beta =pinv(H) * T;

y = H * Beta;
e = y-ys;
rss = sum(e.^2);               %网络输出与理想输出的误差平方和
E_all = sum(rss)/2;            %均方误差指标
save GELM_wfile Beta c bj;
```

2. 测试程序：chap9_2b.m

```
%模糊 ELM
clear all;
close all;
```

```
load GELM_wfile;

%N 样本
x=[0.97 0.001 0.001;
    0 0.98 0;
    0.002 0 1.04;
    1 0 0;
    0 1 0;
    0 0 1];

NS = size(x,1);
n_x = size(x,2);
n_c = size(c,2);
%N 样本
for s=1:1:NS            %分别对每个采样进行训练

%第 1 层：输入
f1=x(s,:);

%第 2 层：模糊化
for i=1:1:n_x
    for j=1:1:n_c
        net2t((i-1) * n_c+j)=-(f1(i)-c(i,j))^2/bj(i)^2;
        f2t((i-1) * n_c+j)=exp(net2t((i-1) * n_c+j));
    end
end
xtest(s,:)=f2t;
end
%I =xs * w1 +ones(size(xs,1),1) * b;
H=xtest;
y=H * Beta;
disp(y);
```

参 考 文 献

王新泽,王贵东,刘金琨.基于模糊极限学习机神经网络的误差补偿[C].第 43 届中国控制会议,2024.

思 考 题

1. FELM 网络算法有何特点？分析其优点和缺点。

2. FELM 网络与 ELM 神经网络有何区别？

3. FELM 神经网络中,高斯基函数起什么作用？针对每个输入,采用多少个高斯基函数进行模糊化合适？

4. 简述 FELM 网络算法与传统神经网络（如 BP 网络、RBF 网络）的区别。

5. 影响 FELM 网络的参数有哪些？如何进一步增加 FELM 网络的逼近精度？

6. FELM 网络能实现模型逼近的原理是什么？逼近精度与隐含层节点数量的关系如何？

7. 为何 FELM 网络隐含层节点采用高斯基函数？高斯基函数参数设计的原则是什么？

8. 写出 FELM 神经网络算法的仿真程序设计流程。

9. 在 FELM 网络训练中，如何通过优化理论（如粒子群优化算法等），优化高斯基函数中心点向量参数 c 和基宽参数 b。

第10章 基于 ELM 神经网络和 FELM 神经网络的数据拟合

10.1 数据集的设计

首先定义数据集表示方法,样本数据集为 $\{x_i, y_i | x_i \in \mathbf{R}^m, y_i \in \mathbf{R}^n, i=1,2,\cdots,N\}$,其中共 N 个样本数据,x_i 为第 i 个数据对应的 m 元输入向量,y_i 为第 i 个数据对应的 n 元输出向量。可将输入数据矩阵表示为 $\boldsymbol{X} = [x_1 \quad x_2 \quad \cdots \quad x_N]$,输出数据矩阵表示为 $\boldsymbol{Y} = [y_1 \quad y_2 \quad \cdots \quad y_N]$。

在工程实验中,通过测量计算可得到每次采样时的输入和输出,从而可获得多组数据形成数据集。

选取数据集中的20组作为训练集,如表10.1和表10.2所示,每组数据的输入为9个,输出为4个,输入、输出具有一定的非线性关系,见数据文件 data.txt。在训练集的基础上可构造测试集。

表 10.1 训练数据集的输入样本

样本	输入 $x_i, i=1,2,\cdots,9$								
1	675	0.0547	0	0	0	0	−0.7804	0	0
2	674.9853	0.0537	0	−0.0001	0.0314	0	−1.3702	−1.785	1.815
3	674.9709	0.0533	0	0.0272	0.1039	−0.0011	−1.725	−3.57	3.63
4	674.9576	0.0539	0	0.0795	0.2024	−0.0033	−1.4935	−5.355	5.445
5	674.9447	0.0553	0	0.1545	0.2947	−0.0065	−0.8235	−7.038	7.26
6	674.9322	0.0574	0	0.2488	0.3575	−0.0106	−0.1093	−7.2054	9.075
7	674.9201	0.0599	−0.0001	0.3383	0.3824	−0.0155	0.3346	−7.4156	8.3553
8	674.9074	0.0623	−0.0001	0.4225	0.3774	−0.02	0.3591	−7.6145	7.5326
9	674.8941	0.0646	−0.0002	0.5017	0.3685	−0.024	0.0235	−7.7961	6.7637
10	674.8801	0.0668	−0.0002	0.5761	0.3778	−0.0275	−0.3645	−7.9609	6.0512
11	674.8656	0.0691	−0.0003	0.6459	0.4045	−0.0306	−0.5165	−8.1098	5.3915
12	674.8504	0.0717	−0.0004	0.7114	0.4348	−0.0333	−0.4219	−8.2438	4.78
13	674.8345	0.0743	−0.0004	0.7728	0.4558	−0.0358	−0.2382	−8.3636	4.2123
14	674.8181	0.0771	−0.0004	0.8301	0.463	−0.0379	−0.1353	−8.4701	3.6851
15	674.8015	0.0797	−0.0005	0.8835	0.4612	−0.0398	−0.1822	−8.5639	3.1969

续表

样本	输入 $x_i, i=1,2,\cdots,9$								
16	674.7848	0.0822	−0.0005	0.9333	0.4589	−0.0413	−0.3322	−8.6454	2.7469
17	674.768	0.0846	−0.0004	0.9796	0.4617	−0.0426	−0.4848	−8.7153	2.3333
18	674.7509	0.0871	−0.0004	1.0225	0.4695	−0.0437	−0.567	−8.7743	1.9535
19	674.7337	0.0895	−0.0003	1.0622	0.4783	−0.0446	−0.5731	−8.8229	1.6046
20	674.7162	0.0918	−0.0003	1.0989	0.4841	−0.0453	−0.5492	−8.8618	1.2841

表 10.2 训练数据集的输出样本

样本	输出 $y_i, i=1,2,3,4$			
1	0.3552	0	0	0
2	0.3476	0	0.0062	−0.0005
3	0.3437	0	0.0146	−0.0009
4	0.3458	0.0001	0.0223	−0.0013
5	0.3531	0.0002	0.0017	−0.0017
6	0.3641	0.0003	0.0001	−0.0019
7	0.3753	0.0005	0.0224	−0.0017
8	0.3845	0.0008	0.0237	−0.0015
9	0.3916	0.0009	0.0221	−0.00013
10	0.3985	0.0011	0.0206	−0.0011
11	0.407	0.0013	0.0191	−0.0009
12	0.4173	0.0015	0.0177	−0.0007
13	0.4284	0.0016	0.0164	−0.0006
14	0.4392	0.0017	0.0151	−0.0004
15	0.4489	0.0019	0.0138	−0.0003
16	0.4578	0.002	0.0126	−0.0002
17	0.4665	0.0021	0.0115	−0.0001
18	0.4754	0.0022	0.0104	0
19	0.4846	0.0023	0.0094	0.0001
20	0.4938	0.0023	0.0084	0.0002

用于训练和测试的神经网络的输入为 9 个,输出为 4 个,网络的隐含层为 1 个。分别采用 ELM 神经网络、FELM 神经网络进行数据训练与测试。训练集数据用来训练网络权值,完成输入、输出映射关系模型的构建,测试集用来测试模型预测效果。

ELM 网络训练时,如果输入值很大或很小,会导致 ELM 网络的激活函数 Sigmoid 函数失效,因此应该对输入数据进行归一化处理,归一化方法见 2.2.2 节。

FELM 网络训练时,为了保证输入信号有效映射,应合理设计高斯基函数的参数,否则会导致网络失效。在高斯基函数中,选择基函数的中心点和宽度参数,实现对输入的有效映射很关键。

10.2 神经网络的拟合

分别应用 ELM 神经网络和 FELM 神经网络进行训练和测试,ELM 和 FELM 算法见第 8 章的式(8.1)、式(8.4)和式(8.5),和第 9 章的式(9.4)、式(9.6)和式(9.7)。

针对 FELM 神经网络,采用高斯基函数作为基函数,c_{ij} 和 b_j 分别是第 i 个输入变量 x_i 的第 j 个模糊集合基函数的中心点位置和宽度。

$$f(i,j) = \exp\left(-\frac{(x_i - c_{ij})^2}{b_j^2}\right)$$

以 9 个输入为例,针对每个输入采用高斯基函数模糊化成 3 个映射值,即 $i=1,2,\cdots,9$,$j=1,2,3$,则共有 $9\times 3=27$ 个映射值,将 27 个映射作为 ELM 网络的输入,构成 FELM 网络。

针对第 l 个输出,神经网络线性拟合指标为

$$R_l = 1 - \frac{\sum_i (\hat{y}_{li} - y_{li})^2}{\sum_i (\bar{y}_l - y_{li})^2}$$

其中 $R_l \in (-\infty, 1]$ 为所建立的网络模型对第 l 个输出变量的拟合程度,越接近 1 说明拟合效果越好,大于 0 即具有一定的拟合效果,否则可视为没有拟合效果。y_{li} 表示第 i 个样本对应的第 l 个实际输出,$\hat{y}_{li}$ 表示第 i 个样本对应的第 l 个网络输出,$\bar{y}_l$ 表示所有样本对应的第 l 个实际输出的平均值。

10.3 仿真实例

数据文件为 data.txt,其中数据集中的 20 组作为训练集,见表 10.1。将训练数据中每个样本的输入乘以 0.96 作为测试数据,将得到的 20 组测试数据作为测试集。

分别采用 ELM 网络和 FELM 网络进行训练和测试,网络输入为 9 个,网络输出为 4 个,即 $l=1,2,3,4$。

在 ELM 神经网络训练和测试的仿真程序分别为 chap10_1a.m 和 chap10_1b.m,取网络隐含层节点为 15 个,初始权值取在区间 (0,1) 均匀分布的随机数,针对网络输入进行归一化,取 $M=2$,训练完成后将权值保存在文件 wfile1_elm.mdb 中,以便测试时调用。在训练集和测试集上对各输出数据的拟合效果如图 10.1 和图 10.2 所示。

在 FELM 神经网络训练和测试的仿真程序分别为 chap10_2a.m 和 chap10_2b.m,针对

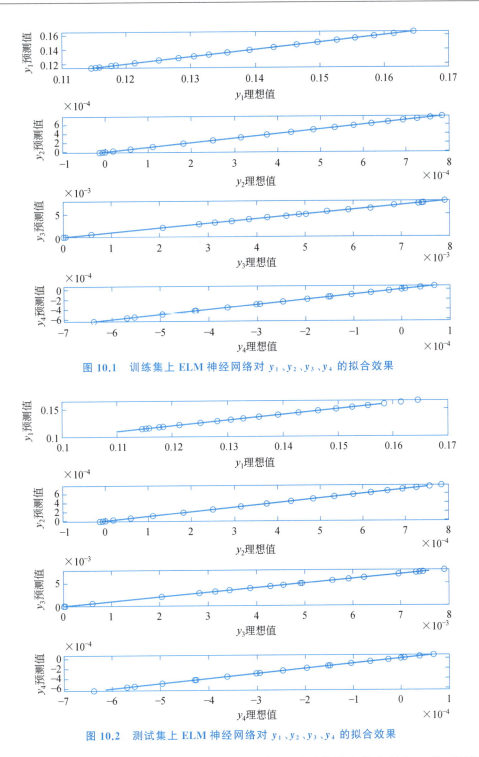

图 10.1 训练集上 ELM 神经网络对 y_1、y_2、y_3、y_4 的拟合效果

图 10.2 测试集上 ELM 神经网络对 y_1、y_2、y_3、y_4 的拟合效果

每个输入,采用 3 个高斯基函数进行模糊化,同时实现了网络输入信息的归一化,训练完成后将权值保存在文件 wfile2_elm.mdb 中,以便测试时调用。在训练集和测试集上对各输出数据的拟合效果如图 10.3 和图 10.4 所示。

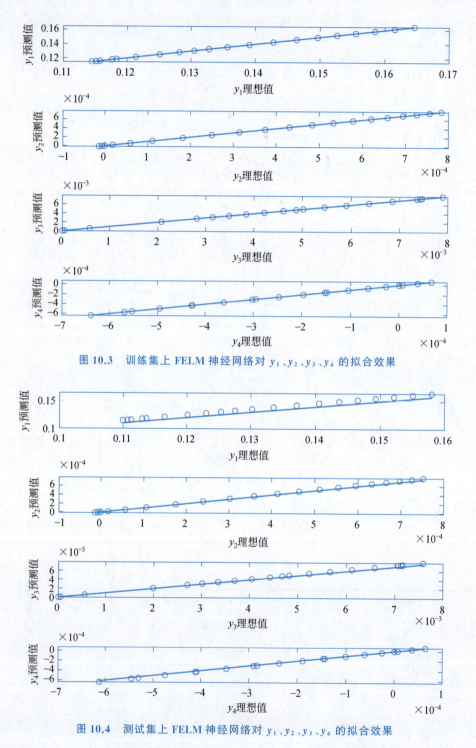

图 10.3 训练集上 FELM 神经网络对 y_1、y_2、y_3、y_4 的拟合效果

图 10.4 测试集上 FELM 神经网络对 y_1、y_2、y_3、y_4 的拟合效果

训练时两种方法的网络输出的拟合程度如表 10.3 所示,测试时两种方法的每个输出的拟合程度如表 10.4 所示。

表 10.3 训练时不同方法各输出的拟合程度

输 出	ELM	FELM
y1	1	1
y2	0.9996	1
y3	0.9556	1
y4	0.9996	1

表 10.4 测试时不同方法各输出的拟合程度

输 出	ELM	FELM
y1	0.8777	0.8777
y2	0.9946	0.9950
y3	0.9481	0.9924
y4	0.9956	0.9960

仿真中,以各输出的真实值为横坐标,神经网络的拟合值为纵坐标,绘制散点图,横纵坐标的值越接近,线性拟合效果越好。可见,FELM 神经网络的拟合效果要略优于 ELM 神经网络。

仿真程序:

1. ELM 神经网络训练与测试

(1) 训练程序:chap10_1a.m。

```
%训练 ELM 神经网络
clear all;
close all;
data=load('data.txt');
xs=data(:,1:9);                              %训练输入
ys=data(:,10:13);                            %训练输出

n_x = size(xs,2);
n_h = 15;                                    %隐含层节点数
NS = size(xs,1);
w1=1 * rand(n_x,n_h);
b =1 * rand(1,n_h);

x_L =min(xs);
x_H =max(xs);
Size=20;
M=2;
if M==1
```

```matlab
        xs_new=xs;                                          %未归一化
elseif M==2
        xs_new=(xs-ones(Size,1) * x_L)./(ones(Size,1) * (x_H-x_L));    %归一化
end

I =xs_new * w1 +ones(size(xs_new,1),1) * b;
H=1./(1+exp(-I));
Beta=pinv(H) * ys;
y =H * Beta;
e =y-ys;

rss =sum(e.^2)/size(e,1);                                  %网络输出与理想输出的平均误差平方和

disp("Train:")
disp("Mean square error of each output");
disp(rss);
var=ones(size(ys,1),1) * mean(ys)-ys;                      %理想输出的方差
tss=sum(var.^2)/size(e,1);                                 %理想输出的平均方差

R1 =1-rss./tss;                                            %线性回归拟合度
disp("Regression fit");
disp(R1);

y_label ={'y1' 'y2' 'y3' 'y4'};
n_y =size(ys,2);
for i =1:n_y
    figure(1);
    subplot(4,1,i);
    plot(ys(:,i),ys(:,i),'r','LineWidth',1);hold on;
    scatter(ys(:,i), y(:,i),'blue','SizeData', 20);
    hold off;
    xlabel([y_label{i},'理想值'],'FontSize',12);
    ylabel([y_label{i},'预测值'],'FontSize',12);
end
save wfile1_elm w1 Beta b;
```

(2) 测试程序：chap10_1b.m。

```matlab
%测试 ELM 神经网络
clear all;
close all;
load wfile1_elm
data=load('data.txt');
test_data=0.96 * data;
x =test_data(:,1:9);                                       %新的输入
yi=test_data(:,10:13);                                     %理想输出
```

```
x_L =min(x);
x_H =max(x);
Size=size(x,1);
M=2;
if M==1
    x_new=x;                                    %未归一化
elseif M==2
    x_new=(x-ones(Size,1) * x_L)./(ones(Size,1) * (x_H-x_L));    %归一化
end
I =x_new * w1 +ones(size(x_new,1),1) * b;
H=1./(1+exp(-I));
y =H * Beta;
t =(1:size(y,1))';

e =y-yi;
rss =sum(e.^2)/size(e,1);                       %网络输出与理想输出的平均误差平方和
disp("Test:")
disp("Mean square error of each output");
disp(rss);

var =yi -ones(size(yi,1),1) * mean(yi);         %为了统一,采用方差的形式
tss =sum(var.^2)/size(e,1);                     %理想输出的平均方差
R2 =1-rss./tss;                                 %线性回归拟合度
disp("Regression fit");
disp(R2);

y_label ={'y1' 'y2' 'y3' 'y4'};
n_y=size(yi,2);
for i =1:n_y
    figure(1);
    subplot(4,1,i);
    plot(yi(:,i),yi(:,i),'r','LineWidth',1);hold on;
    scatter(y(:,i), y(:,i),'blue','SizeData', 20);
    hold off;
    xlabel([y_label{i},'理想值'],'FontSize',12);
    ylabel([y_label{i},'预测值'],'FontSize',12);
end
```

2. FELM 神经网络训练与测试程序

(1) 训练程序：chap10_2a.m。

```
%FELM 神经网络训练
clear all;
close all;
%第 1 步：输入和输出样本
data=load('data.txt');
xs=data(:,1:9);                       %训练输入
ys=data(:,10:13);                     %训练输出
```

```matlab
y_label = {'y1' 'y2' 'y3' 'y4'};
%第 2 步：训练样本
n_x = size(xs,2);
n_y = size(ys,2);
NS = size(xs,1);

xs_L = min(xs);
xs_H = max(xs);
n_c = 3;
for i = 1:n_x
    c(i,:) = linspace(xs_L(i),xs_H(i),n_c);
    bj(i) = (xs_H(i) - xs_L(i)) / (n_c-1);
end

f2=zeros(1, n_x * n_c);
x=ones(NS,n_x * n_c);
for s=1:1:NS                                            %开始训练

%第 1 层：输入
f1=xs(s,:);
%第 2 层：模糊化
for i=1:1:n_x
    for j=1:1:n_c
        net2=-(f1(i)-c(i,j))^2/bj(i)^2;
        f2((i-1) * n_c+j)=exp(net2);
    end

end
x(s,1:n_x * n_c)=f2;
end
H=x;
Beta = pinv(H) * ys;

y = H * Beta;
e = y-ys;
rsstr = sum(e.^2)/size(e,1);                            %网络拟合均方差计算
disp("Train:")
disp("Mean square error of each output");
disp(rsstr);
var = ys - ones(size(ys,1),1) * mean(ys);
tss = sum(var.^2)/size(e,1);
R1 = 1-rsstr./tss;                                      %计算回归拟合指标
disp("Regression fit");
disp(R1);
for i = 1:n_y
    figure(1);
    subplot(4,1,i);
    plot(ys(:,i),ys(:,i),'r','LineWidth',1);hold on;
    scatter(ys(:,i), y(:,i),'blue','SizeData', 20);
```

```
        hold off;
        xlabel([y_label{i},'理想值'],'FontSize',12);
        ylabel([y_label{i},'预测值'],'FontSize',12);
end
save wfile2_elm Beta;
```

(2) 测试程序：chap10_2b.m。

```
%FELM 神经网络测试
clear all;
close all;
load wfile2_elm;
data=load('data.txt');

%测试新的输入
test_data=0.96*data;
x =test_data(:,1:9);                            %新的输入
yi=test_data(:,10:13);                          %理想输出

NS2 =size(x,1);
n_x =size(x,2);
n_c =3;
%NS2 样本
f2t=zeros(1,n_x*n_c);
xtest =ones(NS2,n_x*n_c);
for s=1:1:NS2                                   %开始训练每一个样本
%第 1 层：输入
f1=x(s,:);
%第 2 层：模糊化
x_L =min(x);
x_H =max(x);
for i =1:n_x
    c1(i,:) =linspace(x_L(i),x_H(i),n_c);
    b1j(i) =(x_H(i) -x_L(i)) / (n_c-1);
end
for i=1:1:n_x
    for j=1:1:n_c
        net2t=-(f1(i)-c1(i,j))^2/b1j(i)^2;
        f2t((i-1)*n_c+j)=exp(net2t);
    end
end
xtest(s,1:n_x*n_c)=f2t;
end
H=xtest;
y=H*Beta;
e =y-yi;
rss =sum(e.^2)/size(e,1);                       %网络拟合均方差计算
disp("Test:")
disp("Mean square error of each output");
```

```
disp(rss);
var = yi - ones(size(yi,1),1) * mean(yi);
tss = sum(var.^2)/size(e,1);
R2 = 1 - rss./tss;                                          %计算回归拟合指标
disp("Regression fit");
disp(R2);

y_label = {'y1' 'y2' 'y3' 'y4'};
n_y = size(yi,2);
for i = 1:n_y
    figure(2);
    subplot(4,1,i);
    plot(yi(:,i),yi(:,i),'r','LineWidth',1);hold on;
    scatter(yi(:,i), y(:,i),'blue','SizeData', 20);
    hold off;
    xlabel([y_label{i},'理想值'],'FontSize',12);
    ylabel([y_label{i},'预测值'],'FontSize',12);
end
```

思 考 题

1. 基于 ELM 神经网络、FELM 神经网络在学习机制上有何区别？
2. 为何 FELM 建模精度优于 ELM 神经网络的拟合精度？
3. 如何进一步提高 FELM 的拟合精度？
4. 影响 FELM 网络拟合精度的参数有哪些？如何进一步增加网络的拟合精度？
5. 如何避免 FELM 网络的过拟合现象？
6. 参考第 4 章的设计方法，以第 1 章例 1 的体脂数据集为例，设计 FELM 网络的数据拟合与误差补偿方法。

第11章 动态递归神经网络设计

对角递归神经网络(Diagonal Recurrent Neural Network,DRNN)是具有反馈的网络,是动态网,该网络能更直接更生动地反映系统的动态特性,它在 BP 网络基本结构的基础上通过存储内部状态使其具备映射动态特征的功能,从而使系统具有适应时变特性的能力。DRNN 可以增强模型的表达能力。DRNN 网络代表了神经网络的发展方向。

11.1 网络结构

DRNN 网络是一种 3 层前向网络,其隐含层为回归层。正向传播是输入信号从输入层经隐含层传向输出层,若输出层得到了期望的输出,则学习算法结束;否则,转至反向传播。反向传播就是将误差信号(理想输出与实际输出之差)按连接通路反向计算,由梯度下降法调整各层神经元的权值和阈值,使误差信号减小。DRNN 神经网络结构如图 11.1 所示。

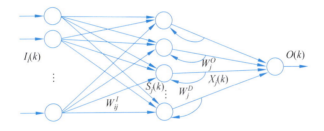

图 11.1 DRNN 神经网络结构

在该网络中,设 $I=[I_1,I_2,\cdots,I_n]$ 为网络输入向量,$I_i(k)$ 为输入层第 i 个神经元的输入,网络回归层第 j 个神经元的输出为 $X_j(k)$,$S_j(k)$ 为第 j 个回归神经元输入总和,$f(.)$ 为 Sigmoid 函数,$O(k)$ 为 DRNN 网络的输出。

DRNN 神经网络的算法为

$$O(k) = \sum_j W_j^O X_j(k), \quad X_j(k) = f(S_j(k)), \quad S_j(k) = W_j^D X_j(k-1) + \sum_i W_{ij}^I I_i(k)$$

(11.1)

式中,W^D 和 W^O 为网络回归层和输出层的权值向量,W^I 为网络输入层的权值向量。

11.2 DRNN 网络的逼近

针对离散模型的 DRNN 在线逼近的结构如图 11.2 所示,图中 k 为网络的迭代步骤,$u(k)$ 和 $y(k)$ 为网络的输入,DRNN 为网络逼近器,$y(k)$ 为模型实际输出,$y_n(k)$ 为 DRNN 的输出。将系统输出 $y(k)$ 及输入 $u(k)$ 的值作为 DRNN 的输入,将模型输出与网络输出的误差作为 DRNN 的调整信号。

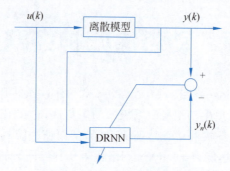

图 11.2　DRNN 神经网络逼近

网络输出层的输出为

$$y_n(k) = O(k) = \sum_j W_j^O X_j(k) \tag{11.2}$$

网络回归层的输出为

$$X_j(k) = f(S_j(k)) \tag{11.3}$$

网络回归层的输入为

$$S_j(k) = W_j^D X_j(k-1) + \sum_i (W_{ij}^I I_i(k)) \tag{11.4}$$

逼近误差为

$$e(k) = y(k) - y_n(k) \tag{11.5}$$

误差指标取

$$E(k) = \frac{1}{2} e(k)^2 \tag{11.6}$$

学习算法采用梯度下降法

$$\Delta W_j^O(k) = -\frac{\partial E(k)}{\partial W_j^O} = e(k) \frac{\partial y_n}{\partial W_j^O} = e(k) X_j(k) \tag{11.7}$$

$$W_j^O(k) = W_j^O(k-1) + \eta_O \Delta W_j^O(k) + \alpha (W_j^O(k-1) - W_j^O(k-2)) \tag{11.8}$$

$$\Delta W_{ij}^I(k) = -\frac{\partial E(k)}{\partial W_{ij}^I} = e(k) \frac{\partial y_n}{\partial W_{ij}^I} = e(k) \frac{\partial y_n}{\partial X_j} \frac{\partial X_j}{\partial W_{ij}^I} = e(k) W_j^O Q_{ij}(k) \tag{11.9}$$

$$W_{ij}^I(k) = W_{ij}^I(k-1) + \eta_I \Delta W_{ij}^I(k) + \alpha (W_{ij}^I(k-1) - W_{ij}^I(k-2)) \tag{11.10}$$

$$\Delta W_j^D(k) = -\frac{\partial E(k)}{\partial W_j^D} = e(k) \frac{\partial y_n}{\partial X_j} \frac{\partial X_j}{\partial W_j^D} = e(k) W_j^O P_j(k) \tag{11.11}$$

$$W_j^D(k) = W_j^D(k-1) + \eta_D \Delta W_j^D(k) + \alpha (W_j^D(k-1) - W_j^D(k-2)) \tag{11.12}$$

其中回归层神经元输入、输出取双 Sigmoid 函数

$$f(x) = \frac{1 - e^{-x}}{1 + e^{-x}} \tag{11.13}$$

$$P_j(k) = \frac{\partial X_j}{\partial W_j^D} = f'(S_j) X_j(k-1) \tag{11.14}$$

$$Q_{ij}(k) = \frac{\partial X_j}{\partial W_{ij}^I} = f'(S_j) I_i(k) \tag{11.15}$$

其中 η_O、η_D、η_I 分别为输入层、回归层和输出层的学习率，α 为惯性系数。

动态回归神经网络适合针对动态模型进行逼近。由于第 1 章例 1 中的多输入多输出样本为静态数据，而不是连续数据，无上一次的历史值，因此，不适合用动态回归神经网络进行静态数据的离线拟合。

11.3 仿真实例

使用 DRNN 网络在线逼近非线性离散动态模型

$$y(k) = u(k)^3 + \frac{y(k-1)}{1 + y(k-1)^2}, \quad t \leqslant 0.5\text{s}$$

其中 $k = 1, 2, \cdots, G$。

网络结构分为 3 层，输入层 2 个，隐含层 7 个，输出层 1 个，即 2-7-1。取网络输入 $x(1) = u(k)$，$x(2) = y(k-1)$。网络输入信号取 $u(k) = \sin t$，$t = k \times ts$，采样时间为 $ts = 0.001$。网络输入输出算法取式(11.2)～式(11.4)，神经网络权值 $\boldsymbol{W}^D$、$\boldsymbol{W}^O$ 和 $\boldsymbol{W}^I$ 的初始值取 $[-1, 1]$ 的随机值，取 $\eta_O = 0.30$，$\eta_D = 0.30$，$\eta_I = 0.30$，$\alpha = 0.05$，网络权值学习算法取式(11.8)、式(11.10)和式(11.12)，采用式(11.2)计算网络逼近输出，仿真程序见 chap11_1.m，仿真结果如图 11.3 和图 11.4 所示。

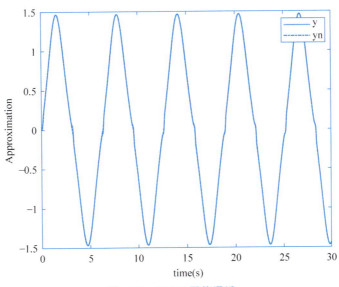

图 11.3 DRNN 网络逼近

仿真程序：chap11_1.m

```
%DRNN 网络逼近
clear all;
close all;
```

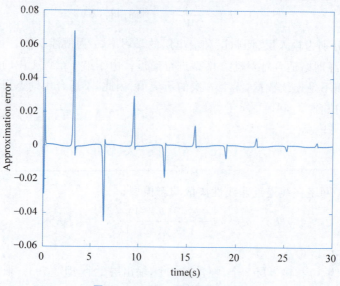

图 11.4 DRNN 网络逼近误差

```
wd=rands(7,1);
wo=rands(7,1);
wi=rands(2,7);

wd_1=wd;wd_2=wd;
wo_1=wo;wo_2=wo;
wi_1=wi;wi_2=wi;

xj=zeros(7,1);
xj_1=xj;

u_1=0;y_1=0;

xitei=0.30;xited=0.30;xiteo=0.30;
alfa=0.05;

ts=0.001;
G=30000;
for k=1:1:G
time(k)=k*ts;
u(k)=sin(k*ts);
y(k)=u_1^3+y_1/(1+y_1^2);

Ini=[u(k),y(k)]';
for j=1:1:7
    sj(j)=Ini'*wi(:,j)+wd(j)*xj(j);
end
for j=1:1:7
```

```
    xj(j)=(1-exp(-sj(j)))/(1+exp(-sj(j)));
end

Pj=0*xj;
for j=1:1:7
    Pj(j)=wo(j)*(1+xj(j))*(1-xj(j))*xj_1(j);
end

Qij=0*wi;
for j=1:1:7
    for i=1:1:2
        Qij(i,j)=wo(j)*(1+xj(j))*(1-xj(j))*Ini(i);
    end
end

ynk=0;
for j=1:1:7
    ynk=ynk+xj(j)*wo(j);
end
yn(k)=ynk;
e(k)=y(k)-yn(k);

wo=wo+xiteo*e(k)*xj+alfa*(wo_1-wo_2);
wd=wd+xited*e(k)*Pj+alfa*(wd_1-wd_2);
wi=wi+xitei*e(k)*Qij+alfa*(wi_1-wi_2);

xi_1=xj;
wd_2=wd_1;wd_1=wd;
wo_2=wo_1;wo_1=wo;
wi_2=wi_1;wi_1=wi;

u_1=u(k);
y_1=y(k);
end
figure(1);
plot(time,y,'r',time,yn,'-.b','linewidth',1);
xlabel('time(s)');ylabel('Approximation');
legend('y','yn');
figure(2);
plot(time,y-yn,'r','linewidth',1);
xlabel('time(s)');ylabel('Approximation error');
```

思 考 题

1. 动态回归神经网络有何特点？分析其优点和缺点。
2. 简述动态回归神经网络与 BP 网络、RBF 网络的区别与联系。

3. 影响动态回归神经网络逼近的参数有哪些？如何进一步增加动态回归神经网络的逼近精度？

4. 动态回归神经网络实现模型逼近的原理是什么？

5. 动态回归神经网络的动态特性如何体现？影响动态特性的参数有哪些？

6. 动态回归神经网络的回归层有何作用？为何能提高网络的逼近精度？

7. 动态回归神经网络是否适合第 1 章中例 2 的体脂数据离散拟合？为什么？

第 12 章 带有动态回归层的模糊神经网络

模糊神经网络是将模糊系统和神经网络相结合而构成的网络。神经网络与模糊系统相结合,并结合动态回归算法,构成一种具有动态能力的模糊神经网络,该网络是建立在模糊神经网络基础上的一种多层神经网络,可以称为一种动态深度神经网络。下面介绍一种递归模糊神经网络,即交互循环自进化模糊神经网络[1],它可用于预测和识别动态系统,该网络的规则结论部分是输入变量的非线性函数。

12.1 算法结构

以 2 个输入 1 个输出模糊回归神经网络为例,针对每个输入采用 5 个基函数进行模糊化,图 12.1 为网络结构图,该网络由输入层、模糊化层、模糊推理层、动态回归层、规则后件层和反模糊化输出层构成。

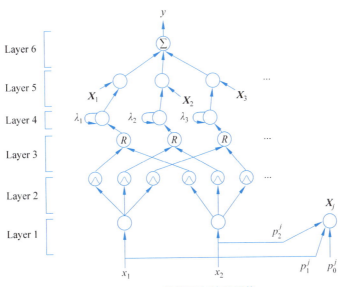

图 12.1 六层模糊回归神经网络

12.2 输入、输出算法

第 k 次迭代中模糊回归神经网络中信号传播及各层的功能表示如下。

第一层:输入层

该层的各个节点直接与输入层的各个输入连接,将输入量传到下一层。对该层的每个节点 i 的输入、输出表示为

$$f_1(i) = \mathbf{X} = [x_1, x_2] \tag{12.1}$$

第二层：模糊化层

图 12.1 中，针对每个输入采用 5 个基函数进行模糊化。采用高斯基函数作为基函数，c_{ij} 和 b_j 分别是第 i 个输入变量第 j 个模糊集合基函数的中心点位置和宽度。

$$f_2(i,j) = \exp\left(-\frac{(f_1(i) - c_{ij})^2}{b_j^2}\right) \tag{12.2}$$

其中 $i = 1, 2, j = 1, 2, 3, 4, 5$。

模糊化是模糊神经网络的关键。为了使输入得到有效的映射，需要根据网络输入值的范围设计基函数参数。

第三层：模糊推理层

该层通过与模糊化层的连接完成模糊规则的匹配，各个节点之间通过模糊与的运算，即通过各个模糊节点的组合得到相应的输出。

由于第 1 个输入经模糊化后输出为 5 个，第 2 个输入经模糊化后输出为 5 个，具有相同输入的输出之间不进行组合，因此通过两两组合后，构成 25 条模糊规则，每条模糊规则的输出为

$$f_3(l) = f_2(1, j_1) f_2(2, j_2) \tag{12.3}$$

其中 $j_1 = 1, 2, 3, 4, 5, j_2 = 1, 2, 3, 4, 5, l = 1, 2, \cdots, 25$。

第四层：动态回归层

$$f_4(j) = \phi^j(k) = \lambda^j f_3(l) + (1 - \lambda^j)\phi^j(k-1) \tag{12.4}$$

其中 λ^j 为本层第 j 个神经元的回归权值，为了反映上一层的输出值对当前的影响，λ 的初始值不为零。

第五层：规则后件层

输出层为 f_5，为输入的线性化输出，即

$$f_5(j) = p_0^j + p_1^j x_1 + p_2^j x_2 \tag{12.5}$$

其中 p_0^j、p_1^j 和 p_2^j 为第 5 层节点与第 6 层各节点的连接权向量。

第六层：反模糊化输出层

网络的最终输出为第四层输出 ϕ^j 和第五层输出 $f_5(j)$ 的推理结果，针对推理结果采用重心法进行反模糊化，网络输出值为

$$y_n(k) = f_6(k) = \frac{\sum_{j=1}^{m} f_5(j)\phi^j}{\sum_{j=1}^{m} \phi^j} \tag{12.6}$$

其中 m 为第五层节点个数，ϕ^j 为第四层的第 j 个输出，$f_5(j)$ 为第五层的第 j 个输出。

12.3　网络学习算法

为了实现对模输出 $y(k)$ 的高精度逼近，设计神经网络迭代学习算法，第 k 次迭代中，针对网络权值 $p_i^j(k)$ 和 $\lambda^j(k)$，设计梯度下降学习算法。

取在线逼近误差为
$$e(k) = y_n(k) - y(k) \tag{12.7}$$
其中网络的期望输出为 $y(k)$。

定义在线逼近误差指标：
$$E(k) = \frac{1}{2}e(k)^2$$

根据梯度下降法，有
$$p_i^j(k) = p_i^j(k-1) - \eta \frac{\partial E(k)}{\partial p_i^j} = p_i^j(k-1) - \eta e(k)\phi^j x_i \Big/ \sum_{l=1}^m \phi^l \tag{12.8}$$

$$\frac{\partial E(k)}{\partial p_i^j} = \frac{\partial E(k)}{\partial y(k)} \frac{\partial y(k)}{\partial p_i^j} = e(k) \frac{\phi^j x_i}{\sum_{l=1}^m \phi^l} \tag{12.9}$$

$$\lambda^j(k) = \lambda^j(k-1) - \eta \frac{\partial E(k)}{\partial \lambda^j}$$
$$= \lambda^j(k-1) - \eta \frac{e(k)(f_5(j) - y)(f_3(j) - \phi^j(k-1))}{\sum_{l=1}^m \phi^l} \tag{12.10}$$

$$\frac{\partial E(k)}{\partial \lambda^j} = \frac{\partial E(k)}{\partial y(k)} \frac{\partial y(k)}{\partial \phi^j} \frac{\partial \phi^j}{\partial \lambda^j} = e(k) \frac{f_5(j) - y(k)}{\sum_{l=1}^m \phi^l}(f_3(j) - \phi^j(k-1)) \tag{12.11}$$

12.4 仿 真 实 例

例 1 离散模型的在线逼近

使用模糊回归神经网络逼近离散动态模型
$$y(k) = u(k)^3 + \frac{y(k-1)}{1 + y(k-1)^2}$$

采样时间取 1ms，输入信号为 $u(k) = \sin t$，$t = k \times ts$，$k = 1, 2, \cdots, G$。设计 2 个输入 1 个输出的模糊神经网络结构。针对每个输入采用 5 个基函数进行模糊化，则模糊神经网络的输入、输出结构为 2-10-25-25-25-1。

仿真中，根据式(12.4)，λ 和 ϕ 的初值不能同时为 0。权值 λ 采用 $\boldsymbol{W}_d$ 表示，其初始值取 1.0，ϕ 的初值取 0，权值 $\boldsymbol{P}_0$、$\boldsymbol{P}_1$ 和 $\boldsymbol{P}_2$ 中各元素的初始值可取 0.0，学习参数取 $\eta = 0.95$，$\alpha = 0.05$。针对输入 $u(k)$ 和 $y(k)$ 的实际范围，高斯基参数取
$$\boldsymbol{c} = [\boldsymbol{c}_{ij}] = \begin{bmatrix} -1.5 & -1 & 0 & 1 & 1.5 \\ -1.5 & -1 & 0 & 1 & 1.5 \end{bmatrix} \text{和} \ b_j = 0.50, \quad i = 1, 2, \quad j = 1, 2, 3, 4, 5。$$

网络的输入输出采用式(12.1)~式(12.6)，采用学习算法式(12.8)~式(12.11)，网络逼近程序见 **chap12_1.m**，仿真结果如图 12.2 所示。

仿真程序：chap12_1.m。

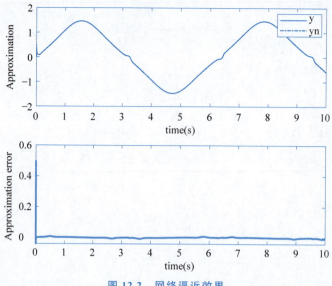

图 12.2 网络逼近效果

```
%动态回归神经网络
clear all;
close all;

xite=0.95;
alfa=0.05;

p0=zeros(25,1);
p1=zeros(25,1);
p2=zeros(25,1);

p0_1=p0;p0_2=p0_1;
p1_1=p1;p1_2=p1_1;
p2_1=p2;p2_2=p2_1;

b=0.50;
c=[-1.5 -1 0 1 1.5;
   -1.5 -1 0 1 1.5];

y_1=1.0;u_1=0;

%u4_1=ones(1,25);
u4_1=zeros(1,25);

Wd=ones(1,25);                          %不能为0
Wd_1=Wd;
ts=0.001;
for k=1:1:10000
```

```
time(k)=k*ts;

u(k)=sin(k*ts);
y(k)=u_1^3+y_1/(1+y_1^2);

%第1层：输入层
x1=u(k);
x2=y(k);
xi=[x1 x2]';

%第2层：模糊化层
for i=1:1:2
for j=1:1:5
    u2(i,j)=exp(-(xi(i)-c(i,j))^2/b^2);
end
end

%第3层：模糊推理层(25条规则)
for j1=1:1:5
    for j2=1:1:5
        uu3(j1,j2)=u2(1,j1)*u2(2,j2);
    end
end
u3=[uu3(1,:),uu3(2,:),uu3(3,:),uu3(4,:),uu3(5,:)];

%第4层：动态回归层
for j=1:25
    u4(j)=Wd(j)*u3(j)+(1-Wd(j))*u4_1(j);
end

%第5层：规则后件层
for j=1:1:25
    u5(j)=p0_1(j)+p1_1(j)*x1+p2_1(j)*x2;
end

%第6层：反模糊化输出层
w=u4;
addw=0;
for j=1:1:25
    addw=addw+w(j);
end
addyw=0;
for j=1:1:25
    addyw=addyw+u5(j)*w(j);
end
yn(k)=addyw/addw;

e(k)=yn(k)-y(k);
```

```
    for j=1:25
    dWd(j)=-xite*e(k)*(u5(j)-yn(k))*(u3(j)-u4_1(j))/addw;
    end
    Wd=Wd_1+dWd;

    d_p=0*p0;
    for j=1:1:25
        d_p(j)=-xite*e(k)*w(j)/addw;
    end
        p0=p0_1+d_p+alfa*(p0_1-p0_2);
        p1=p1_1+d_p*x1+alfa*(p1_1-p1_2);
        p2=p2_1+d_p*x2+alfa*(p2_1-p2_2);

    p0_2=p0_1;p0_1=p0;
    p1_2=p1_1;p1_1=p1;
    p2_2=p2_1;p2_1=p2;

    u_1=u(k);
    y_1=y(k);

    u4_1=u4;
    Wd_1=Wd;
    end
    figure(1);
    subplot(211);
    plot(time,y,'-r',time,yn,'-.b','linewidth',1.0);
    xlabel('time(s)');ylabel('Approximation');
    legend('y','yn');
    subplot(212);
    plot(time,y-yn,'r','linewidth',2);
    xlabel('time(s)');ylabel('Approximation error');
```

例 2 样本离线训练与测试

取标准样本 2 个，各个样本的输入、输出需要有所区别，如表 12.1 所示，所要解决的问题为：针对表 12.1 中的样本进行训练，使训练后的模糊神经网络具有模式识别能力，即针对相同的输入得到相同的输出，针对相近的输入得到相近的输出。

针对所要解决的问题，首先选择模糊回归神经网络的结构，然后设计神经网络算法，包括网络的训练和测试两部分。由于表 12.1 中的样本为静态数据，而不是连续数据，无上一次的历史值，因此，在第四层中，动态回归层算法中取消了回归计算，直接采用上一层的输出。

1. 多入多出样本训练

首先，针对表 12.1 中的输入、输出映射问题，设计 3 个输入 1 个输出的模糊神经网络结构。针对每个输入采用 5 个基函数进行模糊化，则模糊神经网络的输入、输出结构为 3-15-125-125-125-1，权值向量 P_0、P_1 和 P_2 中的各个元素的初始值不妨取 0.0，权值 λ 采用 W_d 表示，其初始值取 1.0。学习参数取 $\eta=0.50$，$\alpha=0.05$。针对表 12.1 中输入的范围，高斯基参

数取为

$$c=[c_{ij}]=\begin{bmatrix}-1.5 & -1 & 0 & 1 & 1.5 \\ -1.5 & -1 & 0 & 1 & 1.5 \\ -1.5 & -1 & 0 & 1 & 1.5\end{bmatrix}$$ 和 $b_j=0.50$, $i=1,2,3$, $j=1,2,3,4,5$。

表 12.1 训练样本

输	入			输	出
1	0	0		1	
0	1	0		0	

仿真中，网络的输入输出采用式(12.1)～式(12.6)，采用学习算法式(12.8)～式(12.11)，运行网络训练程序，取网络训练的最终误差指标为 $E=10^{-20}$，经过 130 次迭代，误差指标的变化如图 12.3 所示。将网络训练的最终权值保存在文件 wfile.dat 中。

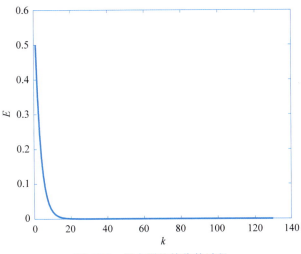

图 12.3 样本训练的收敛过程

仿真训练程序：chap12_2a.m

```
%动态回归神经网络离线训练
clear all;
close all;

E=1.0;
OUT=1;

xite=0.15;
alfa=0.05;

p0=zeros(125,1);
p1=zeros(125,1);
p2=zeros(125,1);
```

```
p3=zeros(125,1);

p0_1=p0;p0_2=p0_1;
p1_1=p1;p1_2=p1_1;
p2_1=p2;p2_2=p2_1;
p3_1=p3;p3_2=p3_1;

b=0.50;
c=[-1.5 -1 0 1 1.5;
   -1.5 -1 0 1 1.5;
   -1.5 -1 0 1 1.5];

NS=2;
%静态样本训练
xs=[1 0 0;
    0 0 1];                                   %理想输入
ys=[1;0];                                     %理想输出

u4_1=zeros(1,125);
Wd=ones(1,125);                               %不能为0
Wd_1=Wd;

k=0;
while E>=1e-020
%for k=1:1:100
k=k+1;
time(k)=k;

for s=1:1:NS                                  %开始样本训练
%第1层:输入层
u1=xs(s,:);
%第2层:模糊化层
for i=1:1:3
for j=1:1:5
    u2(i,j)=exp(-(u1(i)-c(i,j))^2/b^2);
end
end

%第3层:模糊推理层(125条规则)
for j1=1:1:5
    for j2=1:1:5
        for j3=1:1:5
    uu3(j1,j2,j3)=u2(1,j1) * u2(2,j2) * u2(3,j3);
        end
    end
end
u3=[uu3(1,:),uu3(2,:),uu3(3,:),uu3(4,:),uu3(5,:)];
```

```
%第4层：动态回归层
for j=1:125
    %u4(j)=Wd(j) * u3(j)+(1-Wd(j)) * u4_1(j);
    u4(j)=u3(j); %for static training
end

%第5层：规则后件层
for j=1:1:125
    u5(j)=p0_1(j)+p1_1(j) * u1(1)+p2_1(j) * u1(2)+p3_1(j) * u1(3);
end

%第6层：反模糊化输出层
w=u4;
addw=0;
for j=1:1:125
    addw=addw+w(j);
end
addyw=0;
for j=1:1:125
    addyw=addyw+u5(j) * w(j);
end
yn=addyw/addw;

ey(s,:)=yn'-ys(s,:);
for j=1:125
dWd(j)=-xite * ey(s) * (u5(j)-yn) * (u3(j)-u4_1(j))/addw;
end
Wd=Wd_1+dWd;

d_p=0 * p0;
for j=1:1:125
    d_p(j)=-xite * ey(s) * w(j)/addw;
end
    p0=p0_1+d_p+alfa * (p0_1-p0_2);
    p1=p1_1+d_p * u1(1)+alfa * (p1_1-p1_2);
    p2=p2_1+d_p * u1(2)+alfa * (p2_1-p2_2);
    p3=p3_1+d_p * u1(3)+alfa * (p3_1-p3_2);

p0_2=p0_1;p0_1=p0;
p1_2=p1_1;p1_1=p1;
p2_2=p2_1;p2_1=p2;
p3_2=p3_1;p3_1=p3;

u4_1=u4;
Wd_1=Wd;

eL=0;
y=ys(s,:);
```

```
    for L=1:1:OUT
        eL=eL+0.5*(y(L)-yn(L))^2;                    %输出误差
    end
    es(s)=eL;

    E=0;
    if s==NS
        for s=1:1:NS
            E=E+es(s);
        end
    end
end
%当前迭代训练结束

Ek(k)=E;
end
figure(1);
plot(time,Ek,'-r','linewidth',2);
xlabel('k');ylabel('E');
save wfile1 p0 p1 p2 p3 Wd;
```

2. 训练后的测试

采用训练后的神经网络权值进行测试,取 2 个 3 个输入 1 个输出的样本进行测试,2 个样本都为训练过的标准输入。采用模糊神经网络算法,运行网络测试程序,调用文件 wfile.dat,取一组实际样本进行测试,测试输入及结果见表 12.2。

表 12.2 测试输入及结果

输	入		输　出
1	0	0	1
0	0	1	0

由仿真结果可见,相同的输入得到相同的输出,相近的输入得到相近的输出,如果是新的没有经过训练的样本,则得到新的输出。这表明模糊神经网络具有很好的非线性模式识别能力。

仿真测试程序：chap12_2b.m

```
%动态回归神经网络测试
clear all;
load wfile1 p0 p1 p2 p3 Wd;
b=0.50;
c=[-1.5 -1 0 1 1.5;
   -1.5 -1 0 1 1.5;
   -1.5 -1 0 1 1.5];
%静态样本训练
```

```
xs=[1 0 0;
    0 0 1];                        %理想输入
NS=2;
for s=1:1:NS
%第1层：输入层
u1=xs(s,:);
%第2层：模糊化层
for i=1:1:3
for j=1:1:5
    u2(i,j)=exp(-(u1(i)-c(i,j))^2/b^2);
end
end

%第3层：模糊推理层(125条规则)
for j1=1:1:5
      for j2=1:1:5
          for j3=1:1:5
   uu3(j1,j2,j3)=u2(1,j1)*u2(2,j2)*u2(3,j3);
         end
           end
end
u3=[uu3(1,:),uu3(2,:),uu3(3,:),uu3(4,:),uu3(5,:)];

%第4层：动态回归层
for j=1:125
    %u4(j)=Wd(j)*u3(j)+(1-Wd(j))*u4_1(j);
    u4(j)=u3(j);
end

%第5层：规则后件层
for j=1:1:125
    u5(j)=p0(j)+p1(j)*u1(1)+p2(j)*u1(2)+p3(j)*u1(3);
end

%第6层：反模糊化输出层
w=u4;
addw=0;
for j=1:1:125
    addw=addw+w(j);
end
addyw=0;
for j=1:1:125
    addyw=addyw+u5(j)*w(j);
end
yn=addyw/addw;

yns(s,:)=yn;
end
yns
```

参 考 文 献

LIU Y T, LIN Y Y, WU S L, et al. Brain dynamics in predicting driving fatigue using a recurrent self-evolving fuzzy neural network[J]. IEEE Transactions on Neural Networks and Learning Systems, 2016, 27(2): 347-360.

思 考 题

1. 带有动态回归层的模糊神经网络有何特点？分析其优点和缺点。
2. 简述带有动态回归层的模糊神经网络与 Pi-Sigma 神经网络和模糊 RBF 网络的区别与联系。
3. 影响带有动态回归层模糊神经网络逼近的参数有哪些？如何进一步增加该网络的逼近精度？
4. 带有动态回归层模糊神经网络实现模型逼近的原理是什么？
5. 带有动态回归层模糊神经网络的动态特性如何体现？影响动态特性的参数有哪些？

第13章 Pi-Sigma 模糊神经网络设计

目前应用较广泛的是前馈神经网络。早期前馈神经网络中只含有求和神经元，在处理复杂非线性问题时效率很低。后来，人们将求积神经元引入前馈神经网络中，用以增加网络的非线性映射能力，提高网络的学习效率。这样的网络可以统称为高阶前馈神经网络。但如果只通过输入节点值的简单乘积构造求积神经元以增加网络的非线性映射能力，随着输入样本维数的增加，所需权值的数量呈指数阶增加，即出现"维数灾难"。Pi-Sigma 神经网络是 1991 年 Y.Shin 提出的一种具有多项式乘积构造的求积神经元的高阶前馈神经网络[1]，该网络既提高了网络的非线性映射能力，又避免了"维数灾难"的出现[2]。

采用高木-关野模糊系统，可以设计一种混合型的 Pi-Sigma 模糊神经网络，从而建立一种自适应能力很强的模糊模型。这种模型实现了模糊模型的自动更新，使模糊建模更具合理性[3]。文献[4]对 Pi-Sigma 模糊神经网络的高阶性及其在分类、预测、函数近似、模式识别等应用问题方面进行了分析，并介绍了该网络几个具有挑战的问题。

13.1 高木-关野模糊系统

在高木-关野模糊系统中，高木和关野用以下规则的形式定义模糊系统的规则：

$$R^k: \text{If } x_1 \text{ is } A_1^j, x_2 \text{ is } A_2^j, \cdots, x_n \text{ is } A_n^j, \text{then}$$
$$h_k^l = p_{0k}^l + p_{1k}^l x_1 + \cdots + p_{nk}^l x_n \tag{13.1}$$

式中，A_i^j 为模糊集，p_{ij} 为真值参数，h_k 为系统根据规则 R^k 所得的输出，$i = 1, 2, \cdots, n$，$k = 1, 2, \cdots, m$ 为规则的数量，l 为网络输出个数。

对于输入向量 $\boldsymbol{x} = [x_1, \ x_2, \ \cdots, \ x_n]^\mathrm{T}$，高木-关野模糊系统的各规则输出 y 等于各 h_k 的加权平均：

$$y_l = \frac{\sum\limits_{k=1}^{m} w_k h_k^l}{\sum\limits_{k=1}^{m} w_k} \tag{13.2}$$

式中，加权系数 w_k 包括规则 R^k 作用于输入所取得的值，表示为

$$w_k = \prod_i^n \mu_{A_i^j}(x_i) \tag{13.3}$$

式(13.1)中，If 部分是模糊的，then 部分是确定的，即输出为各输入变量的线性组合。

13.2 Pi-Sigma 模糊神经网络

常规的前向神经网络含有求和节点，这给处理某些复杂问题带来了困难。以 3 个输入 2 个输出的 Pi-Sigma 模糊神经网络为例，如图 13.1 所示，该网络包括 4 层，即输入层、模糊

化层、模糊推理层和输出层,其中输入层为 3 个神经元,每个输入采用 5 个基函数模糊化,输出层为 2 个神经元,图中 S、P 分别表示相加和相乘运算。

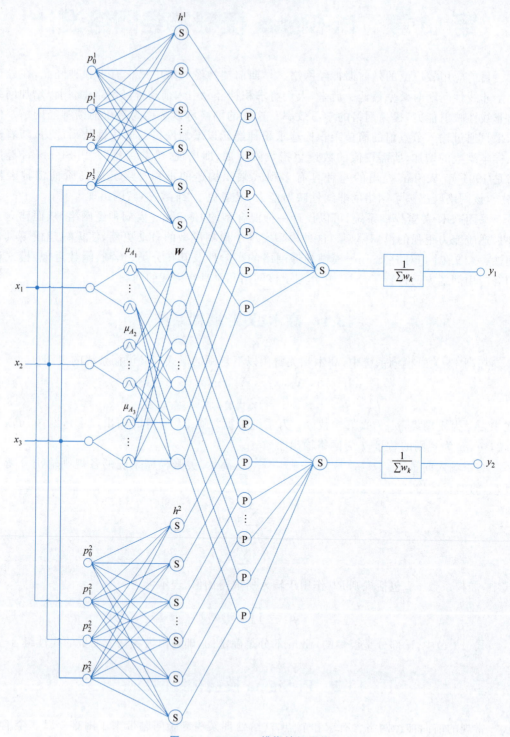

图 13.1　Pi-Sigma 模糊神经网络

针对网络输入,采用高斯基函数进行模糊化:
$$\mu_{A_i^j} = \exp[-(x_i - c_i^j)^2/b_j] . \tag{13.4}$$
其中 $i=1,2,3, j=1,2,3,4,5$。

为了对网络输入实现有效的映射,高斯基函数的参数值 c_i^j 和 b_j 的取值很重要。通常可根据对网络输入值的范围进行经验取值。

针对每个输入,采用式(13.4)进行模糊化,则构成 $m=5^3=125$ 条模糊规则。

根据模糊系统设计方法,模糊系统的设计步骤如下。

(1) 每条规则前提的推理
$$w_k = \mu_{A_1^i}(x_1)\mu_{A_2^j}(x_2)\mu_{A_3^k}(x_3)$$

(2) 每条规则的输出为 $h_k^l = p_{0k}^l + p_{1k}^l x_1 + p_{2k}^l x_2 + p_{3k}^l x_3$,则每条规则结论为 $w_k h_k^l$,其中 $l=1,2, k=1,2,\cdots,125$。

(3) 规则总的推理,推理结果为每条规则结论的和,即
$$\sum_{k=1}^{125} w_k h_k^l$$

(4) 通过反模糊化,网络最后的输出为
$$y_l = \frac{\sum_{k=1}^{125} w_k h_k^l}{\sum_{k=1}^{125} w_k} = \frac{\sum_{k=1}^{125} [\mu_{A_1^i}(x_1)\mu_{A_2^j}(x_2)\mu_{A_3^k}(x_3)(p_{0k}^l + p_{1k}^l x_1 + p_{2k}^l x_2 + p_{3k}^l x_3)]}{\sum_{k=1}^{125} [\mu_{A_1^i}(x_1)\mu_{A_2^j}(x_2)\mu_{A_3^k}(x_3)]}$$
$$\tag{13.5}$$

13.3 网络离散学习算法

针对如图 13.1 所示的 Pi-Sigma 模糊神经网络结构,网络的训练过程如下:正向传播采用算法式(13.5),输入信号从输入层经模糊化层和模糊推理层传向输出层,若输出层得到了期望的输出,则学习算法结束;否则,转至反向传播。反向传播采用梯度下降法,调整各层间的权值。网络第 l 个输出与相应理想输出的误差为
$$e_l = y_l^d - y_l$$
第 p 个样本的误差性能指标函数为
$$E_p = \frac{1}{2} \sum_{l=1}^{N} e_l^2 \tag{13.6}$$
其中 $l=1,2, N=2$ 为网络输出层的个数。

输出层的权值通过如下的方式调整:
$$\Delta p_{ik}^l = -\eta \frac{\partial E_p}{\partial p_{ik}^l} \tag{13.7}$$

$$\frac{\partial E}{\partial p_{ik}^l} = \frac{\partial E}{\partial y_l} \frac{\partial y_l}{\partial p_{ik}^l} = -(y_l^d - y_l) \partial \left[\frac{\sum_{k=1}^{125} w_k h_k^l}{\sum_{k=1}^{125} w_k} \right] / \partial p_{ik}^l = -(y_l^d - y_l) \frac{w_k x_i}{\sum_{k=1}^{125} w_k} \tag{13.8}$$

其中 $i=0,1,2,3, j=1,2,3,4,5, l=1,2$,取 $x_0=1$ 为固定偏置。

则输出层的权值学习算法为

$$p_{ik}^l(t) = p_{ik}^l(t-1) + \Delta p_{ik}^l(t) + \alpha(p_{ik}^l(t-1) - p_{ik}^l(t-2)) \quad (13.9)$$

其中 η 为学习率，α 为动量因子。

每次迭代时，分别依次对各个样本进行训练，更新权值，所有样本训练完毕后，再进行下一次迭代，直到满足要求为止。

13.4 网络在线学习算法

假设网络的期望输出为 y，在线逼近误差为

$$e(k) = y(k) - y_n(k)$$

定义误差指标函数：

$$E(k) = \frac{1}{2}e(k)^2 \quad (13.10)$$

根据梯度下降法

$$p_j^i(k) = p_j^i(k-1) - \alpha\frac{\partial E(k)}{\partial p_j^i} = p_j^i(k) + \alpha e(k)\omega^i \Big/ \sum_{i=1}^m \omega^i \quad (13.11)$$

$$\frac{\partial E(k)}{\partial p_j^i} = \frac{\partial E(k)}{\partial y_n}\frac{\partial y_n}{\partial p_j^i} = -e(k)\partial\left[\frac{\sum_{i=1}^m \omega^i y^i}{\sum_{i=1}^m \omega^i}\right]\Big/\partial p_j^i = -e(k)\frac{\omega^i}{\sum_{i=1}^m \omega^i}\cdot\frac{\partial y^i}{\partial p_j^i} \quad (13.12)$$

其中 $j=1,2,3,4$。

13.5 仿真实例

例 1 多样本的离散训练与测试

取标准样本为 3 个样本，每个样本为 3 个输入 2 个输出的样本，如表 13.1 所示。

表 13.1 训练样本

输	入		输	出
1	0	0	1	0
0	1	0	0	0.5
0	0	1	0	1

由图 13.1 可知，从网络的输入、模糊化、模糊推理和输出的角度看，针对每个输入设计 3 个基函数，则构成 $m=5^3=125$ 条模糊规则，网络结构为 3-15-125-2 结构，即 $i=1,2,3,j=1,2,3,4,5,m=125,l=2$。将幅值为 2.0 的正弦信号作为输入，即 $x=2\sin(2\pi t)$，根据网络输入的实际范围设计高斯基函数的参数，取 c_i 和 b_j 分别为 $[-1.5 \ -1 \ 0 \ 1]$ 和 0.50，基函数模糊化如图 13.2 所示，仿真程序为 chap13_1mf.m。

网络输入输出算法采用式(13.4)和式(13.5)，网络学习算法采用式(13.11)，网络程序包括网络训练程序 chap13_2a.m 和网络测试程序 chap13_2b.m。运行网络训练程序 chap13_

2a.m,用于训练的网络初始权值矩阵 $\boldsymbol{P}$ 中的各个元素取[0,1]的随机值,学习参数取 $\eta=0.50, \alpha=0.05$,网络训练的最终指标取为 $E=10^{-20}$,只需要训练 13 次便可以达到要求,网络训练指标的变化如图 13.3 所示。将网络训练的最终权值保存在文件 Pi_Sg_wfile.mat 中。运行网络测试程序 chap13_2b.m,调用文件 Pi_Sg_wfile.mat,取 6 个实际样本进行测试,测试样本及结果见表 13.2。由仿真结果可见,Pi-Sigma 模糊神经网络建模能力较强。

表 13.2 测试样本及结果

输	入		输	出
0.970	0.001	0.001	0.9590	−0.0059
0.000	0.980	0.000	−0.0043	0.4905
0.002	0.000	1.040	0.0143	1.0285
1.000	0.000	0.000	1.0000	0.0000
0.000	1.000	0.000	0.0000	0.5000
0.000	0.000	1.000	0.0000	1.0000

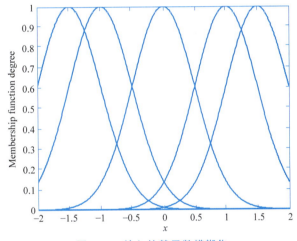

图 13.2 输入的基函数模糊化

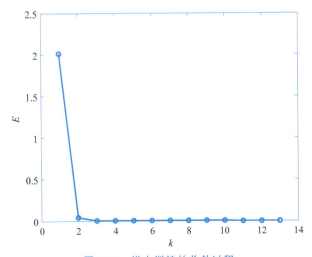

图 13.3 样本训练的收敛过程

仿真程序

1. 基函数设计程序：chap13_1mf.m

```
%高斯基函数设计
clear all;
close all;
bj=0.50;
ci=[-1.5 -1 0 1 1.5];
ts=0.001;
for k=1:1:2000
time(k)=k*ts;
x(k)=2*sin(2*pi*k*ts);                       %输入
for j=1:1:5
    h(j)=exp(-norm(x(k)-ci(:,j))^2/(2*bj^2));  %5个高斯基函数
end
h1(k)=h(1);h2(k)=h(2);h3(k)=h(3);h4(k)=h(4);h5(k)=h(5);
end
figure(1);
plot(x,h1,'k',x,h2,'k',x,h3,'k',x,h4,'k',x,h5,'k','linewidth',2);
xlabel('x');ylabel('Membership function degree');
```

2. 训练及测试程序

(1) 训练程序：chap13_2a.m。

```
%Pi-Sigma模糊神经网络
clear all;
close all;

xite=0.90;
alfa=0.05;
bj=0.50;
c=[-1.5 -1 0 1 1.5;
   -1.5 -1 0 1 1.5;
   -1.5 -1 0 1 1.5];

NS=3;                                         %3个样本
OUT=2;
xs=[1 0 0;
    0 1 0;
    0 0 1];                                   %理想输入
ys=[1 0;
    0 0.5;
    0 1];                                     %理想输出

%p=zeros(125,4,OUT);
p=rand(125,4,OUT);                            %p=[p1 p2 p3 p0],5*5*5=125
```

```
p_1=p;p_2=p_1;
yi=zeros(125,OUT);

E=1.0;k=0;
while E>=1e-20
k=k+1;
times(k)=k;

for s=1:1:NS                                    %训练每个样本
%第1层：输入
f1=xs(s,:);
%第2层：采用5个基函数进行模糊化
for i=1:1:3
for j=1:1:5
    f2(i,j)=exp(-(f1(i)-c(i,j))^2/bj^2);
end
end

%第3层：模糊推理层(125条规则)
for j1=1:1:5
    for j2=1:1:5
        for j3=1:1:5
            ff3(j1,j2,j3)=f2(1,j1) * f2(2,j2) * f2(3,j3);
        end
    end
end
f3=[ff3(1,:),ff3(2,:),ff3(3,:),ff3(4,:),ff3(5,:)];
%第4层：输出层
addf3=0;
for kk=1:1:125
    addf3=addf3+f3(kk);
end

for L=1:1:OUT
    yi(:,L)=p(:,:,L)*[f1';1];
end
yout=f3 * yi/addf3;

ey(s,:)=ys(s,:)-yout;
for L =1:OUT
    d_p=xite * ey(s,L) * f3/addf3;
    p(:,:,L)=p(:,:,L)+d_p'*[f1,1]+alfa * (p_1(:,:,L)-p_2(:,:,L));
end
p_2=p_1;p_1=p;

eL=0;
yd=ys(s,:);
for L=1:1:OUT
```

```
            eL=eL+0.5*(yd(L)-yout(L))^2;              %输出误差
        end
        es(s)=eL;

        E=0;
        if s==NS
            for s=1:1:NS
                E=E+es(s);
            end
        end
    end                                               %当前迭代训练结束
    Ek(k)=E;
end
E
figure(1);
plot(times,Ek,'-or','linewidth',2);
xlabel('k');ylabel('E');
save Pi_Sg_wfile p bj c;
```

(2) 测试程序：chap13_2b.m。

```
%Pi-Sigma模糊神经网络测试
clear;
load Pi_Sg_wfile p bj c;
%N样本
xs=[0.97 0.001 0.001;
    0 0.98 0;
    0.002 0 1.04;
    1 0 0;
    0 1 0;
    0 0 1];

NS=6;
OUT =2;
for s=1:1:NS
%第1层：输入层
f1=xs(s,:);
%第2层：模糊化层
for i=1:1:3
for j=1:1:5
    f2(i,j)=exp(-(f1(i)-c(i,j))^2/bj^2);
end
end
%第3层：模糊推理层(25条规则)
for j1=1:1:5
        for j2=1:1:5
            for j3=1:1:5
    ff3(j1,j2,j3)=f2(1,j1)*f2(2,j2)*f2(3,j3);
        end
        end
end
f3=[ff3(1,:),ff3(2,:),ff3(3,:),ff3(4,:),ff3(5,:)];
```

```
%第4层：输出层
addf3=0;
for kk=1:1:125
    addf3=addf3+f3(kk);
end

for i=1:1:OUT
    yi(:,i)=p(:,:,i)*[f1';1];
end
yout=f3*yi/addf3;

ys(s,:)=yout;
end
ys
```

例2 离散系统在线逼近

使用Pi-Sigma模糊神经网络逼近离散模型：

$$y(k)=u(k)^3+\frac{y(k-1)}{1+y(k-1)^2}$$

采样时间取1ms,对象的输入信号为$u(k)=\sin t, t=k \times ts$。网络的输入为2个,即$u(k)$和$y(k-1)$,针对每个输入设计5个基函数,则构成$m=5^2=25$条模糊规则,神经网络结构为2-10-25-1,即$i=1,2, j=1,2,3,4,5, m=25, l=1$。根据网络输入的实际范围设计高斯基函数的参数,针对输入的实际范围,高斯基参数取$c=\begin{bmatrix}-1.5 & -1 & 0 & 1 & 1.5 \\ -1.5 & -1 & 0 & 1 & 1.5\end{bmatrix}$和$b_j=0.50$。$\boldsymbol{p}_0$、$\boldsymbol{p}_1$、$\boldsymbol{p}_2$的初始值取值为0的列向量。网络输入输出算法采用式(13.4)和式(13.5),网络学习算法采用式(13.11),网络学习参数取$\eta=0.5, \alpha=0.05$。仿真程序为chap13_3.m,仿真结果如图13.4所示。

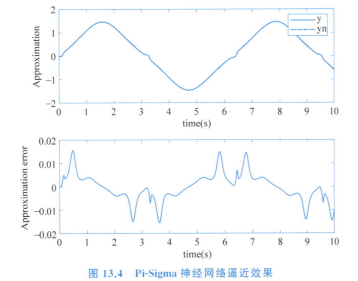

图13.4 Pi-Sigma神经网络逼近效果

仿真程序：chap13_3.m

```
%Pi-Sigma 模糊神经网络
clear all;
close all;

xite=0.5;
alfa=0.05;

p0=zeros(25,1);
p1=zeros(25,1);
p2=zeros(25,1);

p0_1=p0;p0_2=p0_1;
p1_1=p1;p1_2=p1_1;
p2_1=p2;p2_2=p2_1;

bj=0.50;
c=[-1.5 -1 0 1 1.5;
   -1.5 -1 0 1 1.5];

y_1=0;u_1=0;
ts=0.001;
for k=1:1:10000
time(k)=k*ts;

u(k)=sin(k*ts);
y(k)=u_1^3+y_1/(1+y_1^2);

%第1层：输入层
x(1)=u(k);
x(2)=y_1;

%第2层：模糊化层
for i=1:1:2
for j=1:1:5
    fz(i,j)=exp(-(x(i)-c(i,j))^2/bj^2);
end
end

%第3层：模糊推理层(25条规则)
for j1=1:1:5
        for j2=1:1:5
    ff3(j1,j2)=fz(1,j1)*fz(2,j2);
        end
end
f3=[ff3(1,:),ff3(2,:),ff3(3,:),ff3(4,:),ff3(5,:)];
%第4层：输出层
w=f3;
addw=0;
```

```
for i=1:1:25
    addw=addw+w(i);
end
for i=1:1:25
    yi(i)=p0_1(i)+p1_1(i)*x(1)+p2_1(i)*x(2);
end

addyw=0;
for i=1:1:25
    addyw=addyw+yi(i)*w(i);
end
yn(k)=addyw/addw;

e(k)=y(k)-yn(k);
d_p=0*p0;
for i=1:1:25
    d_p(i)=xite*e(k)*w(i)/addw;
end
    p0=p0_1+d_p+alfa*(p0_1-p0_2);
    p1=p1_1+d_p*x(1)+alfa*(p1_1-p1_2);
    p2=p2_1+d_p*x(2)+alfa*(p2_1-p2_2);

p0_2=p0_1;p0_1=p0;
p1_2=p1_1;p1_1=p1;
p2_2=p2_1;p2_1=p2;

u_1=u(k);
y_1=y(k);
end
figure(1);
subplot(211);
plot(time,y,'r',time,yn,'-.b','linewidth',1);
xlabel('time(s)');ylabel('Approximation');
legend('y','yn');
subplot(212);
plot(time,y-yn,'r','linewidth',1);
xlabel('time(s)');ylabel('Approximation error');
```

参 考 文 献

[1] SHIN Y, GHOSH J. The Pi-Sigma Network: An Efficient Higher-order Neural Network for Pattern Classification and Function Approximation[C].International Joint Conference on Neural Networks,1991.

[2] 聂永,邓伟.Pi-Sigma 神经网络混合学习算法及收敛性分析[J].计算机工程与应用,2008,44(35):56-58.

[3] FAN Q, KANG Q, ZURADA J M.Convergence analysis for sigma-pi-sigma neural network based on

some relaxed conditions[J].Information Sciences,2022,585:70-88.
[4] SWAPNA R H,NAYAK J,BEHERA H S. Pi-Sigma Neural Network:Survey of a Decade Progress[M]. Singapore:Springer,2020.

思 考 题

1. Pi-Sigma 模糊神经网络有何特点？分析其优点和缺点。
2. 简述 Pi-Sigma 模糊神经网络与模糊 RBF 网络、RBF 网络的区别与联系。
3. Pi-Sigma 模糊神经网络实现模型逼近的原理是什么？
4. 影响 Pi-Sigma 模糊神经网络逼近的参数有哪些？如何进一步增加 Pi-Sigma 神经网络的逼近精度？
5. Pi-Sigma 模糊神经网络的非线性映射能力如何体现？影响非线性映射能力的参数有哪些？
6. 为何说 Pi-Sigma 模糊神经网络既能提高网络的非线性映射能力，又能避免"维数灾难"的出现？
7. Pi-Sigma 模糊神经网络中，其模糊规则与传统的 T-S 型模糊规则有何区别？
8. 针对 Pi-Sigma 模糊神经网络的输入采用高斯基函数进行模糊化，应如何选择高斯基函数的参数？
9. 参考第 4 章的设计方法，以第 1 章例 2 的体脂数据集为例，设计 Pi-Sigma 模糊神经网络的数据拟合与误差补偿方法。

第14章 小脑模型神经网络设计

14.1 概　　述

小脑模型神经网络控制器(Cerebellar Model Articulation Controller,CMAC)是一种表达复杂非线性函数的表格查询型自适应神经网络,该网络可通过学习算法改变表格的内容,具有信息分类存储的能力[1]。

CMAC 网络将系统的输入状态作为一个指针,将相关的信息分布存入一组存储单元中。CMAC 网络本质上是一种用于复杂非线性函数的查表技术。具体做法是:将输入空间分成许多块,每个分块指定一个实际存储位置,每个分块学习到的信息分布存储到相邻分块的位置上,存储单元数通常比所考虑问题的最大可能输入空间数少得多,故实现的是多对一的映射,即多个分块映射到一个存储地址上。

CMAC 已被公认为是一类联想记忆网络的重要组成部分,能学习任意多维非线性映射,CMAC 算法被证明可有效用于非线性函数逼近、动态建模、控制系统设计等[2]。

CMAC 比其他神经网络的优越性体现在:

(1) 小脑模型是基于局部学习的神经网络,它把信息存储在局部结构上,使每次修正的权极少,在保证函数非线性逼近性能的前提下,学习速度快,适合实时控制。

(2) 具有一定的泛化能力,即所谓相近输入产生相近输出,不同输入给出不同输出。

(3) 具有连续(模拟)输入、输出能力。

(4) 采用寻址编程方式,利用串行计算机仿真时,它将使响应速度加快。

(5) CMAC 函数非线性逼近器对学习数据出现的次序不敏感。

由于 CMAC 具有上述的优越性能,因此它具有良好的非线性逼近能力。

CMAC 网络的基本思想在于:在输入空间给出一个状态,从存储单元中找到对应该状态的地址,对这些存储单元中的内容求和,得到 CMAC 网络的输出,将输出值与期望输出值进行比较,并根据学习算法修改这些已激活的存储单元的内容。

14.2　CMAC 网络结构

CMAC 神经网络结构如图 14.1 所示。

CMAC 网络由输入层、中间层和输出层组成。输入层与中间层、中间层与输出层之间分别为由设计者预先确定的输入层非线性映射和输出层权值自适应性线性映射。

在输入层对 n 维输入空间进行划分。中间层由若干个基函数构成,对任意一个输入,只有少数几个基函数的输出为非零值,通常称非零输出的基函数为作用基函数。作用基函数的个数为范化参数 c,它规定了网络内部影响网络输出的区域大小。

中间层基函数的个数用 M 表示,泛化参数 c 满足 $c \ll M$。在中间层的基函数与输出

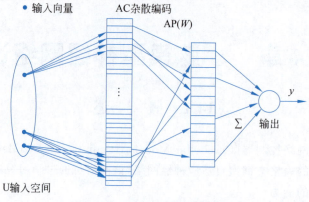

图 14.1　CMAC 神经网络结构

层的网络输出之间通过连接权进行连接。采用梯度下降法实现权值的调整。

CMAC 神经网络的设计主要包括输入空间的划分、输入层至输出层非线性映射的实现,以及输出层权值学习算法。

14.3　CMAC 网络算法

CMAC 是前馈网络,输入与输出之间的非线性关系由以下两个基本映射实现。

(1) 概念映射(U→AC)。

概念映射是从输入空间 U 至概念存储器 AC 的映射。考虑单输入映射至 AC 中 c 个存储单元的情况。取 $x(k)$ 作为网络的输入,采用如下的线性化函数对输入状态进行量化,实现 CMAC 的概念映射:

$$s_i(k) = \text{round}\left((x(k) - x_{\min}) \frac{M}{x_{\max} - x_{\min}}\right) + i \tag{14.1}$$

其中 $k=1,2,\cdots,x_{\max}$ 和 $x_{\min}$ 为输入的最大值和最小值, M 为 $x_{\max}$ 量化后对应的初始地址,round()为四舍五入 MATLAB 函数, $i=1,2,\cdots,c$。

由式(14.1)可见,当 $x(k)$ 为 $x_{\min}$ 时,映射地址为 $1,2,\cdots,c$;当 $x(k)$ 为 $x_{\max}$ 时,映射地址为 $M+1,M+2,\cdots,M+c$。

映射原则为:在输入空间邻近的两个点在 AC 中有部分的重叠单元被激励。距离越近,重叠越多;距离越远,重叠越少。这种映射称为局部泛化, c 为泛化常数。

(2) 实际映射(AC→AP)。

实际映射是由概念存储器 AC 中的 c 个单元映射至实际存储器 AP 的 c 个单元, c 个单元中存放着相应权值。网络的输出为 AP 中 c 个单元的权值的和。

采用杂散编码技术中的除留余数法实现 CMAC 的实际映射。设杂凑表长为 m(m 为正整数),以元素值 $s_i(k)$ 除以某数 $N(c \leqslant N \leqslant m)$ 后所得余数+1 作为 Hash 地址,实现实际映射,即

$$\text{ad}(i) = (s_i(k) \text{ MOD } N) + i \tag{14.2}$$

其中 MOD()为取余的 MATLAB 函数, $i=1,2,\cdots,c$。

若只考虑单输出，则输出为

$$y_n = \sum_{i=1}^{c} w(\mathrm{ad}(i)) \tag{14.3}$$

CMAC 采用的学习算法如下。

采用 δ 学习规则在线调整权值，权值调整指标为

$$E = \frac{1}{2}e(k)^2 \tag{14.4}$$

其中 $e(k) = y(k) - y_n(k)$，$y(k)$ 为理想的输出。

采用梯度下降法，权值按式(14.6)调整：

$$\Delta w_j(k) = -\eta \frac{\partial E}{\partial w_j} = \eta(y(k) - y_n(k))\frac{\partial y_n}{\partial w_j} = \eta e(k) \tag{14.5}$$

$$w_j(k) = w_j(k-1) + \Delta w_j(k) + \alpha(w_j(k-1) - w_j(k-2)) \tag{14.6}$$

其中 η 为学习率，α 为惯性系数，$j = \mathrm{ad}(i)$，$i = 1, 2, \cdots, c$。

14.4 仿真实例

例 1 采用 CMAC 网络在线逼近正弦函数：

$$y(x) = \sin x$$

网络输入取方波信号，MATLAB 表示为 $x = \mathrm{sgn}(\sin t)$，采样时间取 $ts = 0.05$，$t = k \times ts$，按式(14.1)~式(14.3)设计网络输入输出，网络学习算法采用式(14.6)，网络参数取 $M = 500$，$N = 100$，$c = 3$，$\eta = 0.20$，$\alpha = 0.05$。CMAC 网络逼近程序为 chap14_1.m，仿真结果如图 14.2 所示。

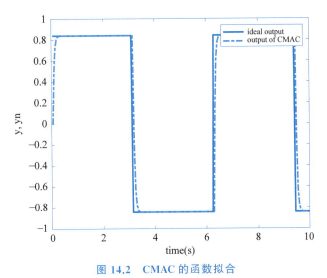

图 14.2 CMAC 的函数拟合

仿真程序：chap14_1.m

```
%CMAC 逼近
clear all;
```

```
close all;
xite=0.20;
alfa=0.05;

M=500;N=100;c=3;
w=zeros(N,1);
w_1=w;w_2=w;d_w=w;
ts=0.05;
for k=1:1:200
time(k)=k*ts;

x(k)=sign(sin(k*ts));
xmin=-1.0;xmax=1.0;
y(k)=sin(x(k));

for i=1:1:c
    s(k,i)=round((x(k)-xmin)*M/(xmax-xmin))+i;     %量化：U-->AC
    ad(i)=mod(s(k,i),N)+1;                          %Hash编码,AC-->AP
end

sum=0;
for i=1:1:c
    sum=sum+w(ad(i));
end
yn(k)=sum;
error(k)=y(k)-yn(k);
for i=1:1:c
    ad(i)=mod(s(k,i),N)+1;
    j=ad(i);
    d_w(j)=xite*error(k);
    w(j)=w_1(j)+d_w(j)+alfa*(w_1(j)-w_2(j));
end
w_2=w_1;w_1=w;
end
figure(1);
plot(time,y,'b',time,yn,'-.r','linewidth',2);
xlabel('time(s)');ylabel('y,yn');
legend('ideal output','output of CMAC');
```

例2 采用 CMAC 网络在线逼近非线性函数：
$$y(k)=u^3(k-1)+y(k-1)/(1+y^2(k-1))$$

网络输入取方波信号，MATLAB 表示为 $u(k)=\text{sgn}(\sin t)$，$t=kT$，采样时间取 $T=0.05$，按式(14.1)~式(14.3)设计网络输入输出，网络学习算法采用式(14.6)。网络参数取 $M=200, N=100, c=3.0, \eta=0.20, \alpha=0.05$。

CMAC 网络拟合程序为 chap14_2.m，仿真结果如图 14.3 所示。

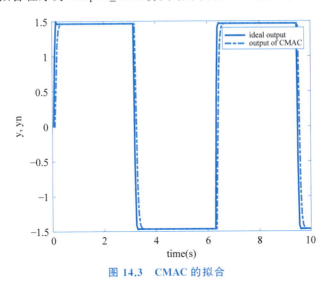

图 14.3　CMAC 的拟合

仿真程序：chap14_2.m

```
%对非线性模型的 CMAC 逼近
clear all;
close all;

xite=0.20;
alfa=0.05;

M=200;
N=100;
c=3;

w=zeros(N,1);
w_1=w;w_2=w;d_w=w;
u_1=0;y_1=0;
ts=0.05;
for k=1:1:200
time(k)=k*ts;

u(k)=sign(sin(k*ts));

xmin=-1.0;
xmax=1.0;

for i=1:1:c
    s(k,i)=round((u(k)-xmin) * M/(xmax-xmin))+i;   %量化：U-->AC
    ad(i)=mod(s(k,i),N)+1;                          %Hash 编码：AC-->AP
```

```
end

sum=0;
for i=1:1:c
    sum=sum+w(ad(i));
end
yn(k)=sum;
y(k)=u_1^3+y_1/(1+y_1^2);

error(k)=y(k)-yn(k);
for i=1:1:c
    ad(i)=mod(s(k,i),N)+1;
    j=ad(i);
    d_w(j)=xite*error(k);
    w(j)=w_1(j)+d_w(j)+alfa*(w_1(j)-w_2(j));
end
%%%%参数更新%%%%
w_2=w_1;w_1=w;
u_1=u(k);
y_1=y(k);
end
figure(1);
plot(time,y,'b',time,yn,'-.r','linewidth',2);
xlabel('time(s)');ylabel('y,yn');
legend('ideal output','output of CMAC');
```

参考文献

[1] ALBUS J S. A new approach to manipulator control: the cerebellar model articulation controller (CMAC)[J]. Transactions of the ASME Journal of Dynamic Systems,1975,97(3):220-227.

[2] LIAO Y, KOIWAI K, YAMAMOTO T. Design and implementation of a hierarchical - clustering CMAC PID controller[J]. Asian Journal of Control,2019,21(3):1077-1087.

思 考 题

1. 小脑模型神经网络与传统的神经网络(如 BP 网络)有何区别?
2. 小脑模型神经网络、概念映射和实际映射各起什么作用?
3. CMAC 神经网络中,概念映射是如何实现的? 如何提高概念映射能力?
4. CMAC 神经网络中,实际映射是如何实现的,如何提高实际映射能力?
5. CMAC 神经网络中,中间层基函数个数 M 和泛化参数 c 各表示什么意义? 为何要满足条件 $c \ll M$?
6. 在实际映射中,采用杂散编码技术中的除留余数法的作用是什么? 是否还可以采用其他方法?
7. 影响 CMAC 神经网络的参数有哪些? 如何进一步提高 CMAC 网络的逼近精度?
8. CMAC 神经网络的自适应特性有哪些?
9. CMAC 神经网络目前理论进展如何? 它在实际工程中有哪些应用?

第 15 章 Hopfield 神经网络设计

15.1 Hopfield 网络原理

1986 年,美国物理学家 J.J.Hopfield 利用非线性动力学系统理论中的能量函数方法研究反馈人工神经网络的稳定性,提出了 Hopfield 神经网络,并建立了求解优化计算问题的方程。

基本的 Hopfield 神经网络是一个由非线性元件构成的全连接型单层反馈系统,Hopfield 网络中的每一个神经元都将自己的输出通过连接权传送给所有其他神经元,同时又都接收所有其他神经元传递过来的信息。Hopfield 神经网络是一个反馈型神经网络,网络中的神经元在 t 时刻的输出状态实际上间接地与自己的 $t-1$ 时刻的输出状态有关,其状态变化可以用微分方程描述。反馈型网络的一个重要特点是它具有稳定状态,当网络达到稳定状态时,也就是它的能量函数达到最小的时候。

Hopfield 神经网络的能量函数不是物理意义上的能量函数,而是在表达形式上与物理意义上的能量概念一致,表征网络状态的变化趋势,并可以依据 Hopfield 工作运行规则不断进行状态变化,最终达到某个极小值的目标函数,网络收敛就是指能量函数达到极小值。如果把一个最优化问题的目标函数转换成网络的能量函数,把问题的变量对应于网络的状态,那么 Hopfield 神经网络就能用于解决优化组合问题。

Hopfield 工作时,各个神经元的连接权值是固定的,更新的只是神经元的输出状态。Hopfield 神经网络的运行规则为:首先从网络中随机选取一个神经元 V_j 进行加权求和,再计算 V_j 的第 $t+1$ 时刻的输出值 V_i,直至网络进入稳定状态。

Hopfield 神经网络模型是由一系列互联的神经单元组成的反馈型网络,如图 15.1 所示,其中虚线框内为一个神经元,u_i 为第 i 个神经元的状态输入,R_i 与 C_i 分别为输入电阻和输入电容,I_i 为输入电流,w_{ij} 为第 j 个神经元到第 i 个神经元的连接权值。V_i 为神经元的输出,是神经元状态变量 u_i 的非线性函数。

15.2 Hopfield 网络算法

对于 Hopfield 神经网络第 i 个神经元,采用微分方程建立其输入、输出关系,即

$$\begin{cases} C_i \dfrac{\mathrm{d}u_i}{\mathrm{d}t} = \sum_{j=1}^{n} w_{ij} V_j - \dfrac{u_i}{R_i} + I_i \\ V_i = g(u_i) \end{cases} \tag{15.1}$$

其中 $i=1,2,\cdots,n,j=1,2,\cdots,n$。

函数 $g(\cdot)$ 为双曲函数,一般取为

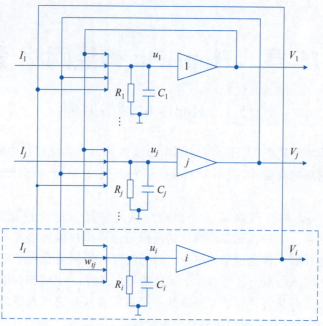

图 15.1 Hopfield 神经网络模型

$$g(x) = \rho \frac{1-e^{-x}}{1+e^{-x}} \tag{15.2}$$

Hopfield 网络的动态特性要在状态空间中考虑,分别令 $\boldsymbol{u} = [u_1, u_2, \cdots, u_n]^T$ 为具有 n 个神经元的 Hopfield 神经网络的状态向量,$\boldsymbol{V} = [V_1, V_2, \cdots, V_n]^T$ 为输出向量,$\boldsymbol{I} = [I_1, I_2, \cdots, I_n]^T$ 为网络的输入向量。

为了描述 Hopfield 网络的动态稳定性,定义能量函数:

$$E = -\frac{1}{2}\sum_i \sum_j w_{ij} V_i V_j + \sum_i \frac{1}{R_i} \int_0^{V_i} g_i^{-1}(V) dV + \sum_i I_i V_i \tag{15.3}$$

若权值矩阵 $\boldsymbol{W}$ 是对称的($w_{ij} = w_{ji}$),则根据相关文献的分析[1-2]可得

$$\frac{dE}{dt} = -\sum_i C_i \frac{dg_i^{-1}(V_i)}{dV_i} \left(\frac{dV_i}{dt}\right)^2 \tag{15.4}$$

由于 $C_i > 0$,双曲函数是单调上升函数,显然它的反函数 $g^{-1}(V_i)$ 也为单调上升函数,即 $\frac{dg^{-1}(V_i)}{dV_i} > 0$,则可得到 $\frac{dE}{dt} \leqslant 0$,即能量函数 E 具有负的梯度,当且仅当 $\frac{dV_i}{dt} = 0$ 时 $\frac{dE}{dt} = 0$ ($i=1,2,\cdots,n$)。由此可见,随着时间的演化,网络的解在状态空间中总是朝着能量 E 减少的方向运动。网络最终输出向量 $\boldsymbol{V}$ 为网络的稳定平衡点,即 E 的极小点。

Hopfield 网络在优化计算中成功得到了应用,有效地解决了著名的旅行商问题(TSP)。另外,Hopfield 网络在智能控制和系统辨识中也有广泛的应用。

15.3 基于Hopfield网络的路径优化

15.3.1 旅行商问题

旅行商问题(Traveling Salesman Problem,TSP)可描述为:已知 N 个城市之间的相互距离,现有一旅行商必须遍访这 N 个城市,并且每个城市只能访问一次,最后又必须返回出发城市。如何安排他对这些城市的访问次序,使其旅行路线总长度最短。

一方面,旅行商问题是一个典型的组合优化问题,其可能的路径数目与城市数目 N 呈指数型增长,一般很难精确求出其最优解,因而寻找其有效的近似求解算法具有重要的意义。另一方面,很多实际应用问题经过简化处理后,均可化为旅行商问题,因而对旅行商问题求解方法的研究具有重要的应用价值。

旅行商问题是一个典型的组合优化问题,特别是当 N 的数目很大时,用常规的方法求解计算量太大。从庞大的搜索空间中寻求最优解,对于常规方法和现有的计算工具而言,存在计算困难的问题。使用Hopfield网络的优化能力很容易解决这类问题。

15.3.2 求解旅行商问题的Hopfield神经网络设计

Hopfield 等[2]采用神经网络求得经典组合优化问题(TSP)的最优解,开创了优化问题求解的新方法。

旅行商问题是在一个城市集合 $\{A_c,B_c,C_c\cdots\}$ 中找出一条最短且经过每个城市各一次并回到起点的路径。为了将旅行商问题映射为一个神经网络的动态过程,Hopfield采取了换位矩阵的表示方法,用 $N\times N$ 的矩阵表示旅行商访问 N 个城市。例如,有4个城市 $\{A_c,B_c,C_c,D_c\}$,访问路线是 $D_c\rightarrow A_c\rightarrow C_c\rightarrow B_c\rightarrow D_c$,则Hopfield网络输出代表的有效解用下面的二维矩阵表15.1表示。

表15.1 4个城市的访问路线

城市	次序			
	1	2	3	4
A_c	0	1	0	0
B_c	0	0	0	1
C_c	0	0	1	0
D_c	1	0	0	0

表15.1构成了一个 4×4 的矩阵,该矩阵中,各行各列只有一个元素为1,其余为0,否则是一个无效的路径。采用 V_{xi} 表示神经元 (x,i) 的输出,相应的输入用 U_{xi} 表示。如果城市 x 在 i 位置上被访问,则 $V_{xi}=1$,否则 $V_{xi}=0$。

针对旅行商问题,Hopfield定义了如下形式的能量函数[1]:

$$E=\frac{A}{2}\sum_{x=1}^{N}\sum_{i=1}^{N}\sum_{j=1}^{N}V_{xi}V_{xj}+\frac{B}{2}\sum_{i=1}^{N}\sum_{x=1}^{N}\sum_{y=x}^{N}V_{xi}V_{yi}+$$

$$\frac{C}{2}\Big(\sum_{x=1}^{N}\sum_{i=1}^{N}V_{xi}-N\Big)^{2}+\frac{D}{2}\sum_{x=1}^{N}\sum_{y=1}^{N}\sum_{i=1}^{N}d_{xy}V_{xi}(V_{y,i+1}+V_{y,i-1}) \qquad (15.5)$$

式中，A、B、C、D 是权值，d_{xy} 表示城市 x 到城市 y 的距离。

式(15.5)中，E 的前三项是问题的约束项，最后一项是优化目标项。E 的第一项为保证矩阵 V 的每一行不多于一个 1 时 E 最小(即每个城市只去一次)，E 的第二项保证矩阵 V 的每一列不多于一个 1 时 E 最小(即每次只访问一城市)，E 的第三项保证矩阵 V 中 1 的个数恰好为 N 时 E 最小。

Hopfield 将能量函数的概念引入神经网络，开创了求解优化问题的新方法。但该方法在求解上存在局部极小、不稳定等问题。为此，文献[2]将 TSP 的能量函数定义为

$$E=\frac{A}{2}\sum_{x=1}^{N}\Big(\sum_{i=1}^{N}V_{xi}-1\Big)^{2}+\frac{A}{2}\sum_{i=1}^{N}\Big(\sum_{x=1}^{N}V_{xi}-1\Big)^{2}+\frac{D}{2}\sum_{x=1}^{N}\sum_{y=1}^{N}\sum_{i=1}^{N}V_{xi}d_{xy}V_{y,i+1} \qquad (15.6)$$

取式(15.6)，Hopfield 网络的动态方程为

$$\frac{\mathrm{d}U_{xi}}{\mathrm{d}t}=-\frac{\partial E}{\partial V_{xi}}(x,i=1,2,\cdots,N-1)$$

$$=-A\Big(\sum_{i=1}^{N}V_{xi}-1\Big)-A\Big(\sum_{y=1}^{N}V_{yi}-1\Big)-D\sum_{y=1}^{N}d_{xy}V_{y,i+1} \qquad (15.7)$$

采用 Hopfield 网络求解 TSP 问题的算法设计步骤描述如下：

(1) 置初值，$t=0$，$A=1.5$，$D=1.0$，$\mu=50$；

(2) 计算 N 个城市之间的距离 $d_{xy}(x,y=1,2,\cdots,N)$；

(3) 神经网络输入 $U_{xi}(t)$ 的初始化在 0 附近产生；

(4) 利用动态方程(15.7)计算 $\frac{\mathrm{d}U_{xi}}{\mathrm{d}t}$；

(5) 根据一阶欧拉法计算 $U_{xi}(t+1)$：

$$U_{xi}(t+1)=U_{xi}(t)+\frac{\mathrm{d}U_{xi}}{\mathrm{d}t}\Delta T \qquad (15.8)$$

(6) 为了保证收敛于正确解，即矩阵 V 各行各列只有一个元素为 1，其余为 0，采用 Sigmoid 函数计算 $V_{xi}(t)$：

$$V_{xi}(t)=\frac{1}{1+\mathrm{e}^{-\mu U_{xi}(t)}} \qquad (15.9)$$

其中 $\mu>0$，$\mu>0$ 值的大小决定了 Sigmoid 函数的形状。

(7) 根据式(15.6)，计算能量函数 E；

(8) 检查路径的合法性，判断迭代次数是否结束，如果结束，则终止，否则返回到第(4)步。

(9) 显示输出迭代次数、最优路径、最优能量函数、路径长度的值，并作能量函数随时间变化的曲线图。

15.3.3 仿真实例

在 TSP 的 Hopfield 网络能量函数式(15.6)中，取 $A=B=1.5$，$D=1.0$。采用算法设计步骤(1)~(9)进行仿真设计，采样时间取 $\Delta T=0.01$，网络输入 $U_{xi}(t)$ 初始值选择在 $[-1,+$

1]的随机值,在式(15.9)的 Sigmoid 函数中,取较大的 μ,以使 Sigmoid 函数比较陡峭,从而稳态时 $V_{xi}(t)$ 能趋于 1 或趋于 0。

首先以 8 个城市的路径优化为例,仿真程序 chap15_1.m 中,取"N=8;cityfile = fopen('city8.txt','rt');",其城市路径坐标保存在当前路径的程序 city8.txt 中。如果初始化的寻优路径有效,即路径矩阵中各行各列只有一个元素为 1,其余元素为 0,则给出最后的优化路径,否则停止优化,需要重新运行优化程序。如果本次寻优路径有效,经过 2000 次迭代,最优能量函数为 Final_E=1.4468,初始路程为 Initial_Length=4.1419,最短路程为 Final_Length=2.8937。

由于网络输入 $U_{xi}(t)$ 初始选择的随机性,可能导致初始化的寻优路径无效,即路径矩阵中各行各列不满足"只有一个元素为 1,其余元素为 0"的条件,此时寻优失败,停止优化,需要重新运行优化程序。仿真过程表明,在 20 次仿真实验中,有 16 次可收敛到最优解。

仿真结果如图 15.2 和图 15.3 所示,其中图 15.2 为初始路径及优化后的路径的比较,图 15.3 为能量函数随时间的变化过程。由仿真结果可见,能量函数 E 单调下降,E 的最小点对应问题的最优解。

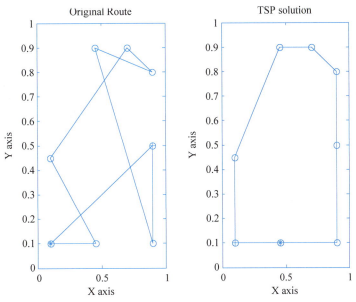

图 15.2 8 个城市初始路径及优化后的路径

仿真程序说明:仿真中采用的关键命令如下。
(1) sumsqr(**X**):求矩阵 **X** 中各元素的平方值之和;
(2) Sum(**X**)或 Sum(**X**,1)为矩阵 **X** 中各行相加,Sum(**X**,2)为矩阵 **X** 中各列相加;
(3) repmat:用于矩阵复制,例如,$\boldsymbol{X}=\begin{bmatrix}1 & 2\\ 3 & 4\end{bmatrix}$,则 repmat(**X**,1,1)=**X**,repmat(**X**,1,2)=$\begin{bmatrix}1 & 2 & 1 & 2\\ 3 & 4 & 3 & 4\end{bmatrix}$,repmat(**X**,2,1)=$\begin{bmatrix}1 & 2\\ 3 & 4\\ 1 & 2\\ 3 & 4\end{bmatrix}$;

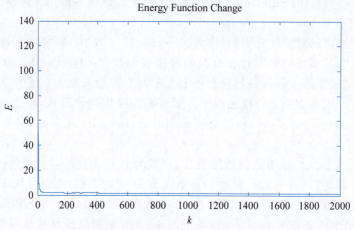

图 15.3　8 个城市能量函数随迭代次数的变化

(4) dist(x,y)：计算两点间的距离，例如 $x=[1\ \ 1]$，$y=[2\ \ 2]'$，则 dist(x,y) = $\sqrt{(2-1)^2+(2-1)^2}=\sqrt{2}$。

如果将文件 city8.txt 改为 city15.txt、city20.txt、city30.txt，同样可以实现 15 个、20 个和 30 个城市的路径优化。

再以 20 个城市为例，仿真程序"chap15_1.m"中，取"N＝20;cityfile ＝ fopen('city20.txt','rt');"，其城市路径坐标保存在当前路径的程序 city20.txt 中，仿真结果如图 15.4 和图 15.5 所示，其中图 15.4 为初始路径及优化后的路径的比较，图 15.5 为能量函数随时间的变化过程。

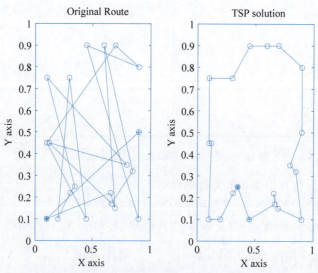

图 15.4　20 个城市初始路径及优化后的路径

由于城市数量多，仿真中会频繁出现初始化的寻优路径无效，即"the route is invalid"，路径矩阵中各行各列不满足"只有一个元素为 1，其余元素为 0"的条件，此时寻优失败，停止

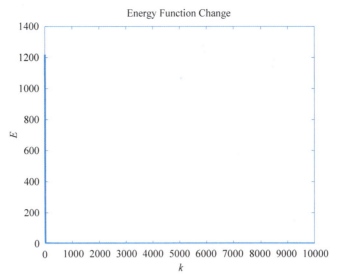

图 15.5 20 个城市能量函数随迭代次数的变化

优化,需要重新运行优化程序。仿真过程表明,针对 20 个城市的优化,在 20 次仿真实验中,只有 6 次可收敛到最优解。

可见,随着城市数量的增多,路径规划的准确度下降,为此,近年来针对 Hopfield 神经网络路径规划问题提出了许多改进方法,例如,Y.Liu 等结合 A* 算法,提出一种改进的 Hopfield 神经网络路径规划算法[3],减少了路径规划的搜索时间,提高了搜索效率。

仿真程序:

(1) 主程序:chap15_1.m。

```
%采用Hopfield网络求解TSP
function TSP_hopfield()
clear all;
close all;

%第1步:参数初始化
A=1.5;
D=1;
Mu=50;
Step=0.01;

%第2步:计算初始路径长度
N=8;
cityfile=fopen('city8.txt','rt');

%N=20;
%cityfile=fopen('city20.txt','rt');

cities=fscanf(cityfile, '%f %f',[2,inf])
fclose(cityfile);
```

```matlab
    Initial_Length=Initial_RouteLength(cities);

DistanceCity=dist(cities',cities);
%第3步：神经网络初始化
U=rands(N,N);
V=1./(1+exp(-Mu*U)); %S function

for k=1:1:10000
times(k)=k;
%第4步：计算du/dt
    dU=DeltaU(V,DistanceCity,A,D);
%第5步：计算u(t)
    U=U+dU*Step;
%第6步：计算网络的输出
    V=1./(1+exp(-Mu*U)); %S function
%第7步：计算能量函数
    E=Energy(V,DistanceCity,A,D);
    Ep(k)=E;
%第8步：检查路径的有效性
    [V1,CheckR]=RouteCheck(V);
end

%第9步：结果
if(CheckR==0)
    Final_E=Energy(V1,DistanceCity,A,D);
    Final_Length=Final_RouteLength(V1,cities); %Give final length
    disp('Iteration times');k
    disp(' the optimization route is');V1
    disp('Final optimization engergy function:');Final_E
    disp('Initial length');Initial_Length
    disp('Final optimization length');Final_Length

    PlotR(V1,cities);
else
    disp('the optimization route is');V1
    disp('the route is invalid');
end

figure(2);
plot(times,Ep,'r','linewidth',2);
title('Energy Function Change');
xlabel('k');ylabel('E');

%能量函数计算
function E=Energy(V,d,A,D)
[n,n]=size(V);
t1=sumsqr(sum(V,2)-1);
t2=sumsqr(sum(V,1)-1);
```

```
PermitV=V(:,2:n);
PermitV=[PermitV,V(:,1)];
temp=d*PermitV;
t3=sum(sum(V.*temp));
E=0.5*(A*t1+A*t2+D*t3);

%du/dt 计算
function du=DeltaU(V,d,A,D)
[n,n]=size(V);
t1=repmat(sum(V,2)-1,1,n);
t2=repmat(sum(V,1)-1,n,1);
PermitV=V(:,2:n);
PermitV=[PermitV, V(:,1)];
t3=d*PermitV;
du=-1*(A*t1+A*t2+D*t3);

%检查路径的有效性
function [V1,CheckR]=RouteCheck(V)
[rows,cols]=size(V);
V1=zeros(rows,cols);
[XC,Order]=max(V);
for j=1:cols
    V1(Order(j),j)=1;
end
C=sum(V1);
R=sum(V1');
CheckR=sumsqr(C-R);

%计算初始路径长度
function L0=Initial_RouteLength(cities)
[r,c]=size(cities);
L0=0;
for i=2:c
    L0=L0+dist(cities(:,i-1)',cities(:,i));
end
%计算最终路径长度
function L=Final_RouteLength(V,cities)
[xxx,order]=max(V);
New=cities(:,order);
New=[New New(:,1)];
[rows,cs]=size(New);

L=0;
for i=2:cs
    L=L+dist(New(:,i-1)',New(:,i));
end

%最佳路径作图
```

```
function PlotR(V,cities)
figure;

cities=[cities cities(:,1)];

[xxx,order]=max(V);
New=cities(:,order);
New=[New New(:,1)];

subplot(1,2,1);
plot( cities(1,1), cities(2,1),'r*');              %第一个城市
hold on;
plot( cities(1,2), cities(2,2),'+');               %第二个城市
hold on;
plot( cities(1,:), cities(2,:),'o-'), xlabel('X axis'), ylabel('Y axis'), title
('Original Route');
axis([0,1,0,1]);

subplot(1,2,2);
plot( New(1,1), New(2,1),'r*');                    %第一个城市
hold on;
plot( New(1,2), New(2,2),'+');                     %第二个城市
hold on;
plot(New(1,:),New(2,:),'o-');
title('TSP solution');
xlabel('X axis');ylabel('Y axis');
axis([0,1,0,1]);
axis on
```

(2) 8 个城市路径坐标程序：city8.txt。

```
0.1   0.1
0.9   0.5
0.9   0.1
0.45  0.9
0.9   0.8
0.7   0.9
0.1   0.45
0.45  0.1
```

(3) 20 个城市路径坐标程序：city20.txt。

```
0.1   0.1
0.9   0.5
0.9   0.1
0.45  0.9
0.9   0.8
0.7   0.9
0.1   0.45
0.45  0.1
```

参 考 文 献

[1] HOPFIELD J J, TANK D W. Neural computation of decision in optimization problems[J]. Biological Cybernetics, 1985, 52: 141-152.

[2] 孙守宇, 郑君里. Hopfield 网络求解 TSP 的一种改进算法和理论证明[J]. 电子学报, 1995(1): 73-78.

[3] LIU Y, XU W. Application of improved Hopfield neural network in path planning[J]. Journal of Physics: Conference Series, 2020, 1544: 1-5.

思 考 题

1. Hopfield 网络的动态特性和反馈特性分别是什么？
2. Hopfield 网络与传统的神经网络（如 BP 网络、RBF 网络）有何区别？
3. 影响 Hopfield 网络优化性能的参数有哪些？如何进一步提高该网络的优化精度？
4. Hopfield 网络能解决优化问题的原理是什么？
5. 为何 Hopfield 网络的非线性特性采用双曲函数实现？双曲函数的参数如何调整？
6. Hopfield 神经网络目前理论进展如何？它在实际工程中有哪些应用？
7. Hopfield 神经网络模型中, 电容、电阻和电流在神经元模型中各起什么作用？
8. 在 Hopfield 网络优化中, 通过仿真测试双曲函数 $g(\cdot)$ 中陡峭度参数 ρ 对优化性能的影响, 如何优化反映双曲函数 $g(\cdot)$ 陡峭度的参数 ρ？
9. 作 Hopfield 网络优化算法的仿真程序设计流程框图。
10. 针对仿真实例中 20 个城市的路径规划准确度不高的问题, 如何设计改进方法？
11. 以移动机器人路径规划或工业生产调度为例, 说明 Hopfield 神经网络的实际应用, 给出具体的算法, 并仿真说明。

第16章 深度学习算法——卷积神经网络

神经网络是人工智能研究领域的重要组成部分,当前较流行的神经网络是深度卷积神经网络,虽然卷积网络也存在浅层结构,但是因为准确度等原因其很少使用。目前提到的卷积神经网络,一般指深层结构的卷积神经网络,层数从几层到上百层不定。

卷积神经网络理论的建立得益于 Rumelhart 于 1986 年提出的 BP 算法。卷积神经网络(Convolutional Neural Network,CNN)是一类包含卷积计算且具有深度结构的前馈神经网络,是深度学习(Deep Learning)的代表算法之一[1-2]。

卷积神经网络具有表征学习能力,能按其阶层结构对输入信息进行平移不变分类,因此也被称为"平移不变人工神经网络"。

对卷积神经网络的研究始于 20 世纪 80 年代至 90 年代,时间延迟网络和 LeNet-5 是最早出现的卷积神经网络[3],21 世纪后,随着深度学习理论的提出和数值计算设备的改进,卷积神经网络得到快速发展,并应用于计算机视觉、自然语言处理等领域。

卷积神经网络在大型图像处理方面有出色的表现,目前已经大范围使用到图像分类、识别和定位等领域中。相比于其他神经网络结构,卷积神经网络需要的参数相对较少,使得其能广泛应用。

16.1 卷积神经网络的发展历史

从卷积神经网络的提出到目前的广泛应用,大致经历了 3 个阶段,即理论萌芽阶段、实验发展阶段以及大规模应用和深入研究阶段[1]。

(1)理论萌芽阶段。1962 年,Hubel 以及 Wiesel 发现从视网膜传递脑中的视觉信息是通过多层次的感受野(Receptive Field)激发完成的,首先提出了感受野的概念。1980 年,Fukushima 等在基于感受野的概念基础之上提出了神经认知机,即一个自组织的多层神经网络模型,每一层的响应都由上一层的局部感受野激发得到,对于模式的识别不受位置、较小形状变化以及尺度大小的影响。神经认知机可以理解为卷积神经网络的第 1 版,核心点在于将视觉系统模型化,并且不受视觉中的位置和大小等影响。

(2)实验发展阶段。1998 年,计算机科学家 Yann LeCun 等提出了 LeNet5 卷积神经网络,被誉为卷积神经网络之父,该网络采用基于梯度的反向传播算法,实现了有监督的训练。LeNet5 网络通过交替连接的卷积层和下采样层,将原始图像逐渐转换为一系列的特征图,并且将这些特征传递给全连接的神经网络,根据图像的特征进行分类。LeNet5 网络成功应用于手写体识别。

(3)大规模应用和深入研究阶段。2012 年,AlexNet 网络的提出奠定了卷积神经网络在深度学习应用中的地位,此后不断有新的卷积神经网络提出,包括牛津大学的 VGG 网络、微软的 ResNet 网络、谷歌的 GoogLeNet 网络等,这些网络的提出使得卷积神经网络逐步开始走向商业化应用,几乎只要是存在图像的地方,就会用到卷积神经网络。

16.2 卷积神经网络的设计

标准卷积神经网络结构如图 16.1 所示,网络包括特征提取层(包含卷积层、池化层)和全连接层。卷积神经网络中的卷积层和池化层对输入数据进行图像的特征提取。

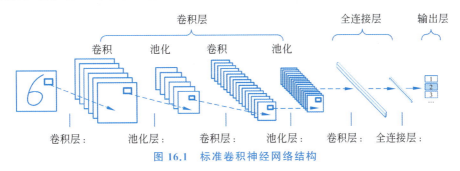

图 16.1　标准卷积神经网络结构

1. 卷积层的设计

卷积层是卷积神经网络的核心,它是通过卷积核对输入信息进行卷积运算从而提取特征的。一个卷积神经网络往往有多个卷积层。

卷积层是为输入信号的响应而提出的,其功能是对输入数据进行特征提取,内部包含多个卷积核,组成卷积核的每个元素都对应一个权重系数和一个偏差量,类似于一个前馈神经网络的神经元。卷积层内每个神经元都与前一层中位置接近的区域的多个神经元相连,区域的大小取决于卷积核的大小,称为"感受野"。

卷积神经网络中的卷积操作,包括单通道和多通道卷积的计算过程。在卷积运算的过程中,每次滑动的像素个数,称为步长(Stride)。卷积层参数包括卷积核大小、步长和填充,其中卷积核越大,可提取的输入特征越复杂,卷积步长定义了卷积核相邻两次扫过特征图时位置的距离。

以单通道卷积为例,输入为(1,5,5),分别表示 1 个通道,宽为 5,高为 5。假设卷积核大小为 3×3,采用零填充方式,即 padding=0,每次滑动像素个数为 1 个,即 stride=1。单通道卷积的运算过程如图 16.2 所示。

相应的卷积核不断地在图上进行遍历,最后得到 3×3 的卷积结果,如图 16.3 所示。

卷积层的作用主要体现在两方面:提取特征、减少需要训练的参数、降低深度网络的复杂度。卷积的具体计算方法可参考文献[4]。

2. 激活函数的设计

需要在每个卷积层后加入非线性激活函数,卷积神经网络通常使用线性整流函数(Rectified Linear Unit,ReLU)作为激活函数,其表达形式为 $f(x)=\max(0,x)$,对于输入的特征向量或特征图,它会将小于零的元素变为零,保持其他元素不变。由于 ReLU 函数的计算非常简单,因此它的计算速度往往比其他非线性函数快,在很多深度网络中广泛

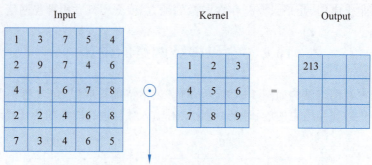

$1×1+3×2+7×3+2×4+9×5+7×6+4×7+1×8+6×9=$
$1+6+21+8+45+42+28+8+54=213$

图 16.2　单通道卷积的运算过程

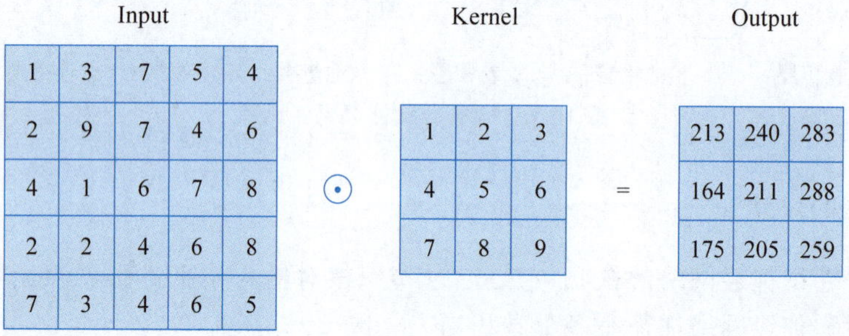

图 16.3　单通道卷积的运算结果

使用。

3. 池化层的设计

在卷积层进行特征提取后,输出的特征图会被传递至池化层进行特征选择和信息过滤。池化(Pooling)操作实质上是一种对统计信息提取的过程。在卷积神经网络中,池化运算是对特征图上的一个给定区域求出一个能代表这个区域特殊点的值,常见的两种池化方法是最大池化(Max-Pooling)和平均池化(Average-Pooling)。

最大池化是将整个矩阵分为多个子区域,取每个子区域的最大值作为新矩阵中的对应元素。平均池化是取每个子区域的平均值作为新矩阵中的对应元素。

池化层的池化区域由池化大小、步长和填充决定。池化是一种降采样操作,主要目标是降低特征空间维数,减小特征图的尺寸。特征图经过池化后,减少了计算量,并防止过拟合。

4. 全连接层的设计

全连接层位于卷积神经网络的最后部分,作用则是对提取的特征进行非线性组合以得到输出。

5. 输出层

卷积神经网络中输出层的上游是全连接层,卷积神经网络中输出层结构和工作原理与传统前馈神经网络中的输出层相同。

通过上述设计便可实现卷积神经网络的特征提取。

卷积神经网络的性能提升是通过学习算法实现的,主要采用有监督学习,即采用 BP 框架内的随机梯度下降法进行学习,包括全连接层与卷积核的反向传播和池化层的反向传播,池化层在反向传播中没有参数更新。

16.3 数字二值图像分类的设计

通过 MATLAB 中的深度学习工具箱(Deep Learning Toolbox)构建一个用于分类的卷积神经网络,实现对输入的含有 0~9 数字的二值图像(像素为 28×28)进行分类,并计算分类准确率。

为了进行 MATLAB 仿真,构造具有两个卷积层的神经网络。卷积神经网络结构见表 16.1。

表 16.1 卷积神经网络结构[4]

名 称	参数或作用
输入	像素为 28×28,1 个通道
卷积层 1	卷积核大小为 3×3,卷积核个数为 8(每个卷积核 1 个通道),卷积方式为零填充(即设定为 same 方式)
批量归一化层 1	加快网络训练的收敛速度
非线性激励函数 1	采用 ReLU 函数
池化层 1	采用最大池化方式:池化区域为 2×2,步长为 2
卷积层 2	卷积核大小为 3×3,卷积核个数为 16(每个卷积核 8 个通道),卷积方式为零填充(即设定为 same 方式)
批量归一化层 2	加快网络训练的收敛速度
非线性激励函数 2	采用 ReLU 函数
池化层 2	采用最大池化方式:池化区域为 2×2,步长为 2
全连接层	全连接层输出的个数为 10
Softmax 层	得出全连接层每一个输出的概率
分类层	根据概率确定类别

16.3.1 网络训练的步骤

为了实现 0~9 数字二值图像分类,可采用以下几个步骤。

第一步:加载图像样本数据:采用函数 fullfile 实现。

```
%数据路径
path=fullfile(matlabroot,'toolbox','nnet','nndemos','nndatasets',
'DigitDataset');
%数据存储:采用函数 imageDatastore 实现
Imds=imageDatastore(path,'IncludeSubfolders',true,'LabelSource','foldernames');
```

其中，path 存放数据集路径；imageDatastore 函数生成一个图像数据存储区结构体，里面包含了图像和每幅图像对应的标签。

函数 fullfile 和 imageDatastore 介绍如下。

(1) fullfile 函数

功能：创建路径。

用法：f = fullfile(filepart1,…,filepartN)。输入：filepart1,…,filepartN 表示第 1～N 层路径。

(2) imageDatastore 函数

功能：将图像样本存储为可供训练和验证的数据。

用法：imds = imageDatastore (location,Name,Value)

可以通过指定"名称-取值"对(Name 和 Value)配置特定属性(将每种属性名称括在单引号中)，输出 imds 表示可供训练和验证的数据。

采用上述两个函数可实现路径的创建和图像集的转化。

(1) 首先创建数据路径：

```
path = fullfile(matlabroot,'toolbox','nnet','nndemos','nndatasets',
'DigitDataset');
```

(2) 将存储在路径下的图像集转化为可用的训练及验证数据集：

```
imds=imageDatastore(path,'IncludeSubfolders',true,'LabelSource','foldernames');
```

第二步：划分训练集与验证集。

加载数据集后，需要将数据集划分为训练集和验证集。MATLAB 深度学习工具箱中提供了 splitEachLabel 函数将数据存储区中的数据集划分为训练集和验证集。将加载的图像样本分为训练集 imdsTrain 和验证集 imdsValidation，具体使用方法如下。

函数：splitEachLabel。

用法：

```
Train_num = 800;
.[imdsTrain,imdsValidation]=splitEachLabel(imds,Train_num,'randomize');
```

其中输入 imds 表示图像样本数据，输出 imdsTrain 为用于训练的样本数据，imdsValidation 为用于验证的样本数据。splitEachLabel 函数默认按顺序对样本数据集进行划分，通过选项'randomize'可以随机进行划分。

第三步：构建一个卷积神经网络，实现对输入的含有 0～9 数字的二值图像(像素为 28×28)进行分类，并计算分类准确率。

构建卷积神经网络用到如下函数。

(1) imageInputLayer 函数：创建一个图像输入层。

用法：

```
layer = imageInputLayer(inputSize)
```

输入：InputSize 为输入图像数据的像素大小，格式为具有 3 个整数值[h w c]的行向量，其中 h 是高，w 是宽，c 是通道数。

输出：layer 为图像输入层。

（2）convolution2dLayer 函数：创建一个二维卷积层。

用法：

```
layer =convolution2dLayer(filterSize,numFilters,Name,Value)
```

其中输入 filterSize 为卷积核大小，格式为具有两个整数的向量[h w]，h 是高，w 是宽；numFilters 为滤波器个数。输出 layer 为二维卷积层。

例如，convolution2dLayer([3 3],8,'Padding','same')，该语句实现的功能为创建一个卷积层，卷积核大小为 3×3，卷积核的个数为 8，卷积的方式 Padding 为零填充方式（即 same 方式）。

（3）batchNormalizationLayer 函数：创建一个批量归一化（Batch Normalization）层，将上一层的输出信息批量进行归一化后再送入下一层。

用法：

```
layer =batchNormalizationLayer
```

其中输出 layer 为所构建的批量归一化层，该层加快训练时网络的收敛速度。

（4）reluLayer 函数：创建一个 ReLU 非线性激活函数。

用法：

```
layer =reluLayer
```

其中输出 layer 为 ReLU 非线性激活函数。

（5）maxPooling2dLayer 函数：创建一个二维最大池化层。

用法：

```
layer =maxPooling2dLayer (poolSize,Name,Value)
```

其中 poolSize 为池化区域的大小，输出 layer 为最大池化层。

例如，maxPooling2dLayer(2,'Stride',2)，该语句创建一个最大池化层，池化层的区域为 2×2，池化运算步长为 2。

（6）fullyConnectedLayer 函数：创建一个全连接层。

用法：

```
layer =fullyConnectedLayer(outputSize)
```

其中输入 outputSize 为所要输出的全连接层的大小，输出 layer 为全连接层。

（7）softmaxLayer 函数：创建一个 Softmax 层。

用法：

```
layer =softmaxLayer
```

其中输出 layer 为 Softmax 层,得到全连接层每个输出的概率。

(8) classificationLayer 函数:创建一个分类输出层。

用法:

```
layer = classificationLayer
```

其中输出 layer 为分类层,根据概率确定类别。

第四步:配置训练选项并开始训练

训练网络的命令为

```
net = trainNetwork(imdsTrain,layers,options);
```

其中 imdsTrain 为训练集,layers 为所构造的卷积神经网络,options 为训练选项。

第五步:将训练好的网络用于对新的输入图像进行分类,并计算准确率。

分类命令为

```
YPred = classify(net,imdsValidation);
```

其中 classify 为创建分类函数。

16.3.2　网络训练参数的配置

MATLAB 工具箱提供了用于神经网络训练的 trainingOptions 函数,包括设置优化算法、调整学习率策略、动量、L2 正则化等关键参数,并提供了数据打乱、验证频率、早停策略等功能。通过设置 trainingOptions 函数,可优化模型训练效果。该函数的用法为

```
options = trainingOptions(solverName,Name,Value)
```

其中 solverName 为优化函数,Name-Value 为键值对,返回一个 TrainingOptions 对象。

可通过网络配置训练选项调整网络训练性能,见表 16.2。实际设计时,可根据需要选择参数。

表 16.2　卷积神经网络配置训练选项参数

名　称	选用的方法	参数或作用
'solverName'	Adam	可选 3 种算法:动量随机梯度下降(SGDM)、自适应迭代梯度下降(RMSProp)、SGDM 和 RMSProp 的结合(Adam)
'Initial Learn Rate'	0.001	初始学习率
'Max Epochs'	30	最大训练回合数,正整数,默认为 20
'Shuffle'	every-epoch	处理大规模数据集时,将数据随机分布到多个计算节点上的过程,用于提高任务的并行处理性能。包括 3 个选项:'once'为训练前打乱;'never'为不打乱;'every-epoch'为每个 epoch 打乱一次。'every-epoch'可避免丢弃同一批数据

续表

名　　称	选用的方法	参数或作用
'ValidationData'	imdsValidation	验证集数据，是 ImageDatastore 对象
'VerboseFrequency'	300	Verbose 在命令行打印的频率，默认为 100
'Verbose'	true	是否在命令行窗口显示实时训练进程，0 或 1，若为 1，则在命令行显示当前进程，默认为 true
'Plots'	'training-progress'	是否画出实时训练进程，可选 'none' 或者 'training-progress'，默认为 'none'
'LearnRateSchedule'	'piecewise'	学习率策略，'none' 表示学习率不变，'piecewise' 为分段学习率
'LearnRateDropFactor'	0.88	$[0,1]$，学习率下降因子。降低后的学习率为：当前学习率 * 下降因子
'LearnRateDropPeriod'	6	学习率下降周期，即几个 epoch 下降一次学习率
'MiniBatchSize'	100	每次迭代使用的数据量
'ValidationPatience'	3	早停条件，Validation 上 loss 大于或等于最小 loss 多少 epoch 后停止训练，比如，当前 loss 为最小值且为 0.01，再经过几个回合都没有低于 0.01，就停止训练
'L2Regularization'	1e-4	L2 正则化因子，即权值向量中各个元素的平方和再求平方根，用于减少模型复杂性，防止过拟合
'GradientThreshold'	Inf	梯度阈值，如果梯度大于此阈值，则按 GradientThresholdMethod 设定的方法处理
'GradientThresholdMethod'	'l2norm'	梯度阈值法，用于限制梯度的变化范围，以防止梯度过大或过小，影响模型训练过程。可选的方法有：'l2norm' 'global-l2norm' 'absolute-value'

16.4　基于 CNN 的数字识别

16.4.1　问题的提出

根据表 16.1 设计卷积神经网络的结构，并采用上面 5 个步骤，实现数字 0~9 的识别。首先通过 imageDatastore 命令将数据集调入内存中，共 1000 组数据，每组数据有 10 个图片，故数据集共有 $1000 \times 10 = 10000$ 个数字图片。

通过函数 randperm(10000, 10) 可实现随机显示 10 个数字图片，如图 16.4 所示，采用 CNN 网络可实现图 16.4 所示的数字识别。

16.4.2　仿真实例

例 1　数字识别的简单方法

取训练集数量为 900 组数据，每组数据为 10 个图片，则共有 $900 \times 10 = 9000$ 个数字图片，其余 1000 个数字图片为验证集。

采用 MATLAB 的深度学习工具箱实现数字识别，采用 1 层卷积层和 1 层池化层，网络

图 16.4 随机生成的数字图像

结构采用输入层-卷积层-归一化-ReLU 激活函数层-池化层-全连接层-Softmax 层-分类层,卷积核大小为 3×3,卷积核数量为 8,采用零填充方式,池化层的区域为 2×2,步长为 2。

表 16.2 给出了卷积神经网络配置训练选项参数,用于 CNN 训练的参数有许多,但真正核心的只有几个参数。本仿真中选择以下几个重要的核心参数:优化算法选择动量随机梯度下降算法'sgdm',初始学习率取 0.01,训练数选 4,命令行窗口显示实时训练进程,运行结果如图 16.5 所示。验证准确度为 94.7%。

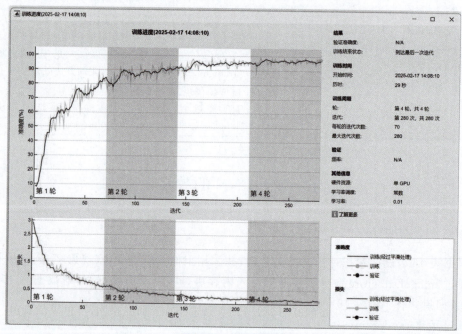

图 16.5 运行结果

仿真程序:chap16_1.m

```
clear all
close all
% 数据路径
Path = fullfile(matlabroot,'toolbox','nnet','nndemos','nndatasets',...
'DigitDataset');
```

```matlab
%数据存储
imds = imageDatastore(Path,'IncludeSubfolders',true,'LabelSource','foldernames');
figure(1);                                          %随机绘图
perm = randperm(10000,10);
for i = 1:10
    subplot(2,5,i);
    imshow(imds.Files{perm(i)});
end
%训练集数量
Train_num = 900;
%分类
[imds_Train,imds_Validation] = splitEachLabel(imds,Train_num,'randomize');
%将每个标签的指定比例的文件随机分配给新的数据存储,imds_Train=9000,imds_Validation=1000
%构建网络
layers = [
imageInputLayer([28 28 1])                          %输入层,输入图像像素为[28 28 1]
convolution2dLayer([3 3],8,'Padding','same')
%卷积层,卷积核大小为3×3,卷积核数量为8,零填充方式
batchNormalizationLayer                             %归一化
    reluLayer                                       %ReLU激活函数层
    maxPooling2dLayer(2,'Stride',2)                 %2×2的池化,步长为2
    fullyConnectedLayer(10)                         %全连接层,10个输出
    softmaxLayer          %全连接层每一个输出的概率,分类层之前必须有Softmax层
    classificationLayer];                           %分类层
%配置训练选项
options = trainingOptions('sgdm', ...
'InitialLearnRate',0.01, ...
'MaxEpochs',4, ...
'Plots','training-progress');
%训练网络
net = trainNetwork(imds_Train,layers,options);

%分类
YP=classify(net,imds_Validation);

%计算准确率
YV=imds_Validation.Labels;
A=sum(YP==YV)/numel(YV)                             %准确率
```

例2 数字识别的改进方法

取训练集为 900 组数据,每组数据为 10 个图片,则共有 900×10＝9000 个数字图片,其余 1000 个数字图片为验证集。

采用 MATLAB 的深度学习工具箱实现数字识别,采用 3 层卷积层和 3 层池化层,网络结构采用输入层-卷积层-归一化- ReLU 激活函数层-池化层-全连接层-Softmax 层-分类层,卷积核大小为 3×3,卷积核数量为 8,零填充方式,池化层采用 2×2 的池化,步长为 2。

为了提升验证准确度,根据表 16.2 设计卷积神经网络配置训练选项参数,在仿真实例之一的基础上,优化算法选择 SGDM 和 RMSProp 的结合算法'adam',初始学习率取 0.001,并设定学习率下降周期为 6,下降因子为 0.88,最大训练回合数选 30,数据打乱策略选'every-epoch',避免丢失部分数据,命令行打印的频率取 300,并在窗口显示实时训练进程,画出实

时训练进程,每次迭代使用的数据量 batchsize 取 100,当损失函数满足早停条件 3 个回合后停止,L2 正则化因子取 1e-4,梯度阈值选'l2norm',梯度裁剪阈值取 Inf。运行结果如图 16.6 所示。验证准确度为 99.20%,准确度得到了很大提升。

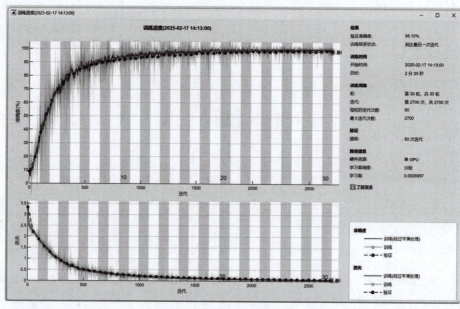

图 16.6　运行结果

仿真程序:chap16_2.m

```
clear all;
close all;
%数据路径
Path = fullfile(matlabroot,'toolbox','nnet','nndemos','nndatasets',...
    'DigitDataset');
%数据存储
imds = imageDatastore(Path,'IncludeSubfolders',true,'LabelSource',...
    'foldernames');
figure(1);                                      %随机绘图
perm = randperm(10000,10);
for i =1:10
    subplot(2,5,i);
    imshow(imds.Files{perm(i)});
end
%训练集数量
Train_num = 900;
%分类
[imds_Train,imds_Validation] = splitEachLabel(imds,Train_num,'randomize');
%imds_Train=9000,imds_Validation=1000
%构建网络
layers =[
imageInputLayer([28 28 1])                     %输入层,输入图像像素为[28 28 1]

convolution2dLayer([3 3],8,'Padding','same')
```

```matlab
    %卷积层,卷积核大小为 3×3,卷积核数量为 8,零填充方式
    batchNormalizationLayer                                %归一化
        reluLayer                                          %ReLU 激活函数层
        maxPooling2dLayer(2,'Stride',2)                    %2×2 的池化,步长为 2

convolution2dLayer([3 3],8,'Padding','same')
batchNormalizationLayer
    reluLayer
maxPooling2dLayer(2,'Stride',2)

convolution2dLayer([3 3],8,'Padding','same')
batchNormalizationLayer
    reluLayer
maxPooling2dLayer(2,'Stride',2)

    fullyConnectedLayer(10)                                %全连接层,10 个输出
    softmaxLayer                     %全连接层每一个输出的概率,分类层之前必须有 Softmax 层
    classificationLayer];                                  %分类层

%配置训练选项
options =trainingOptions('adam', ...                       %优化函数,可选 'sgdm','rmsprop
','adam'
    'InitialLearnRate',0.001, ...                          %初始学习率
    'MaxEpochs', 30, ...                              %最大训练回合数,正整数,默认
为 20
    'Shuffle','every-epoch', ...    %数据打乱策略,可选 'once' 'never' 'every-epoch'
    'ValidationData',imds_Validation, ...    %验证集数据,是一个 ImageDatastore 对象
    'VerboseFrequency',300, ...                       %Verbose 在命令行打印的频率,默
认为 100
    'Verbose',true, ...
    %是否在命令行窗口显示实时训练进程,0 或 1,若为 1,则显示当前进程,默认为 true
    'Plots','training-progress', ...
    %是否画出实时训练进程,可选 'none'或者'training-progress',默认为 'none'
    'LearnRateSchedule', 'piecewise', ...
    %学习率策略,'none'或者'piecewise','none'表示学习率不变,'piecewise'为分段学
    %习率
    'LearnRateDropFactor', 0.88, ...
    %学习率下降因子,[0,1],降低之后学习率为:当前学习率×下降因子
    'LearnRateDropPeriod', 6, ...   %学习率下降周期,即几轮(epoch)下降一次学习率
    'MiniBatchSize', 100, ...             %就是 batchsize,每次迭代使用的数据量,正整数
    'ValidationPatience', 3, ...
    %早停条件,Validation 上 loss 大于或等于最小 loss 多少轮后停止训练
    'L2Regularization', 1e-4, ...                          %L2 正则化因子
    'GradientThresholdMethod', 'l2norm', ...
    %用于裁剪超过阈值的梯度,可选'l2norm' 'global-l2norm' 'absolute-value'
    'GradientThreshold', Inf);
    %梯度阈值,如果梯度大于阈值,则按 Gradient Threshold Method 设定的方法处理
%训练网络
net=trainNetwork(imds_Train,layers,options);
%分类
YP=classify(net,imds_Validation);
%计算准确率
YV=imds_Validation.Labels;
A=sum(YP==YV)/numel(YV)
```

16.5 基于卷积神经网络的数据拟合

16.5.1 基本原理

在许多实际问题中,通常需要考虑多个输入特征。虽然 CNN 最初是为图像分类问题设计的,但它也可应用于回归预测问题。在这种情况下,CNN 的目标不再是预测输入图像的类别,而是预测一个连续的目标值。为此,需要将 CNN 的最后一层全连接层修改为输出一个单一的连续值,然后使用一个回归损失函数(如均方误差)训练网络。CNN 由于其强大的特征提取能力,特别适合处理这种多变量的回归预测问题。

体脂数据集 bodyfat_dataset 中列出了 252 人与身体体脂率相关的参数值及对应的体脂率,数据集中有 252 个样本,每个样本输入代表了身体特征数据参数,输出为 1 个,即体脂率。每个样本的输入与输出具有一定的非线性映射关系,故可以针对该数据集的输入与输出进行神经网络训练,从而可实现身体脂肪的预测。数据集见第 1 章例 2 的表 1.2,其中第 1 至第 13 行为输入变量,体脂率为输出变量,即输入层包含 13 个神经元,输出层有 1 个神经元。

采用 MATLAB 的深度学习工具箱可实现卷积神经网络体脂率的预测,训练模型的数据集包含影响身体体脂率的多个特性(如体重、身高、颈围、胸围、腹围和臀围等)。每组样本数据由 13 个相关属性(即 13 个指标变量)、1 个目标变量(体脂率)组成,总共有 252 组数据,即 252×14 的数组。

可采用如下几个步骤实现预测。

1. 数据预处理

体脂数据集是来自 MATLAB 提供的内置数据,可通过">help nndatasets"获取相关的知识。

仿真中,首先通过代码 load bodyfat_dataset 获得数据,将数据分割为训练集和验证集,其中 70% 的数据用于训练,30% 的数据用于验证。训练和验证数据的划分是随机的,通过设置随机种子 rng(1) 保证每次运行代码时都能得到相同的分割。

2. 数据归一化

针对训练集的数据(最大值、最小值),需要采用归一化,以保持数据的一致性。采用 MATLAB 提供的 mapminmax 函数可实现归一化,该方法将数据映射到[−1,1]区间。网络输出需要反归一化,以还原到原始数据的范围。

3. 数据转换

在 CNN 网络中,输入的数据格式是四维数组,而体质数据是二维的(252×14),为此,需要将数据转换成 CNN 模型可以接收的格式,采用 MATLAB 提供的 reshape 函数可实现该转换。实现数据转换的仿真程序为

```
XTrainMapD=reshape(XTrain,[size(XTrain,1),1,1,length(XTrain)]);    %训练集输入
XTestMapD =reshape(XTest, [size(XTest,1), 1,1,length(XTest)]);     %验证集输入
```

4. 构建 CNN 模型

定义 CNN 模型时,要确保各层的参数(如卷积核大小、步长等)设置得当。不合适的参数可能导致模型训练的效果不佳。

通过池化降低特征空间维数,减少特征图的尺寸,防止过拟合。本节的数据拟合问题中,采用最大池化层。

5. 训练参数的选择

用于 CNN 训练的参数有许多,但真正核心的只有几个参数。在网络调试过程中,核心的几个参数如下。

'sgdm':带有动量的随机梯度下降算法(Stochastic Gradient Descent with Momentum),是一种常用的网络训练算法。

'GradientThreshold', Inf:即梯度裁剪阈值,当梯度的绝对值超过此阈值时,梯度将被裁剪,该方法可以防止梯度爆炸。本仿真中,阈值设置为 Inf,即不采用梯度裁剪。

'MaxEpochs',30:模型训练的最大迭代次数。

'InitialLearnRate', 0.001:学习率的初始值。如果学习率太大,可能导致网络无法找到最优解;如果学习率太小,可能导致网络收敛速度过慢。

'MiniBatchSize', 16:每次训练的小批量数据的大小,使用小批量可以加快训练速度,并可增加训练过程的随机性,提高网络泛化能力。

'LearnRateSchedule', 'piecewise':学习率的调整策略。'piecewise' 表示分段恒定策略,即在特定的迭代次数,学习率会乘以一个因子(由 'LearnRateDropFactor' 参数设定)。

'LearnRateDropFactor', 0.9:学习率调整因子,只在 'LearnRateSchedule' 参数设定为 'piecewise' 时有效。在每个 'LearnRateDropPeriod' 周期后,学习率会乘以这个因子。

'LearnRateDropPeriod', 10:学习率调整的周期,只在 'LearnRateSchedule' 参数设定为 'piecewise' 时有效。每过这么多个迭代周期,学习率会按照 'LearnRateDropFactor' 设定的因子进行调整。

'Plots', 'training-progress':设置了是否在训练过程中显示训练进度,并可显示训练过程的均方根误差(RMSE)指标。如果不显示,则设置为'none'。

6. 对验证集进行预测

使用训练好的模型对验证集进行预测时,预测完成后,需要将数据进行反归一化,以还原到原始数据的范围。实现的仿真程序为

```
YPred =predict(net,XTestMapD);
%反归一化
foreData=double(method('reverse',double(YPred'),outputps));
```

7. 对训练集进行拟合

预测完成后，需要将数据进行反归一化，以还原到原始数据的范围。实现的仿真程序为

```
YpredTrain =predict(net,XTrainMapD);
%反归一化
foreDataTrain=double(method('reverse',double(YpredTrain'),outputps));
```

8. 训练集预测

实现的仿真程序为

```
figure('Color','w')
plot(foreDataTrain,'-','Color',[255 0 0]./255,'linewidth',1,'Markersize',5,
'MarkerFaceColor',[250 0 0]./255)
hold on
plot(YTrain,'-','Color',[150 150 150]./255,'linewidth',0.8,'Markersize',4,
'MarkerFaceColor',[150 150 150]./255)
legend('CNN 训练集预测值','真实值')
xlabel('预测样本');
ylabel('预测结果');
xlim([1, length(foreDataTrain)])
grid
ax=gca;hold on
```

9. 验证集预测

验证集对比是评估网络性能的重要步骤，实现的仿真程序为

```
figure('Color','w')
plot(foreData,'-','Color',[0 0 255]./255,'linewidth',1,'Markersize',5,
'MarkerFaceColor',[0 0 255]./255)
hold on
plot(YTest,'-','Color',[0 0 0]./255,'linewidth',0.8,'Markersize',4,
'MarkerFaceColor',[0 0 0]./255)
legend('CNN 验证集预测值','真实值')
xlabel('预测样本')
ylabel('预测结果')
xlim([1, length(foreData)])
grid
ax=gca;hold on
```

16.5.2 仿真实例

针对一组数据集进行训练和预测。首先调用数据集文件"data.txt"，数据集中有 320 个样本，其中第 1 至第 9 列为输入变量，第 10 列为输出变量，即输入层包含 9 个神经元，输出层有 1 个神经元。采用 MATLAB 的深度学习工具箱实现卷积神经网络的拟合与预测，共有

320组数据,即320×10的数组。取数据集的80%作为训练集,其余20%为验证集。

考虑数据集为一维,结构简单,数据量小,为了提高计算效率,网络中只采用1个卷积层,取消池化层。参考表16.2,设计卷积神经网络配置训练选项参数,优化算法选择'adam'算法,梯度裁剪阈值取10,最大迭代次数选500,初始学习率取0.020,每次训练的小批量数据取64,下降因子为0.90,学习率下降周期为12,每次迭代打乱数据,并在窗口显示实时训练进程。训练完成后,将网络的信息保存在文件"net_CNN.mat"中,以便于测试集的测试。运行结果如图16.7～图16.10所示。

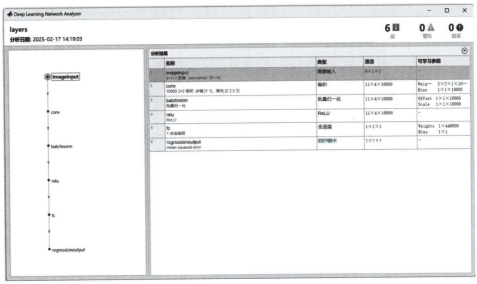

图16.7 网络结构图

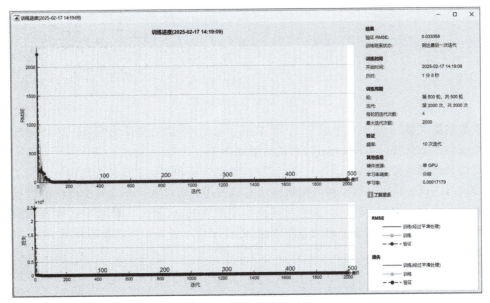

图16.8 训练的收敛过程

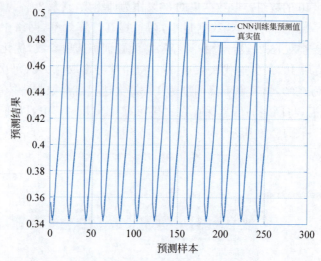

图 16.9　训练集拟合结果对比

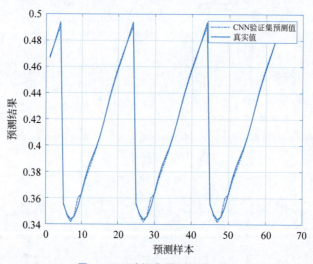

图 16.10　验证集预测结果对比

在数据集文件"data.txt"中取 20 个样本用于测试，测试集文件为"data_test.txt"，调用网络训练后的文件"net_CNN.mat"，测试结果如图 16.11 所示。

由仿真结果可见，网络的训练有一定误差，导致验证和测试出现较大的误差。为了进一步提高网络的训练精度，CNN 神经网络算法有待改进。有关深度学习神经网络的数据拟合已经有许多成果。例如，文献[6]针对非线性系统辨识问题，提出一种基于时间卷积的深度学习神经网络，文献[7]探索了时间卷积网络，设计了用于农业生产的预报模型，实现了时间序列数据的天气预报。

训练与验证仿真程序：chap16_3.m

```
clear all;
close all;
```

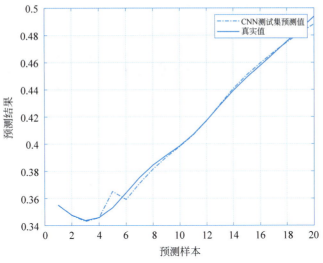

图 16.11　测试集预测结果对比

```
%1.数据预处理
data1 = load('data.txt');
x = data1(:,1:9);
y = data1(:,10);
data = [x y];
rng(1);

trainRatio = 0.8;
trainCount = floor(size(data, 1) * trainRatio);
trainData = data(1:trainCount, :);
testData = data(trainCount+1:end, :);

XTrain = trainData(:, 1:end-1)';
YTrain = trainData(:, end)';
XTest = testData(:, 1:end-1)';
YTest = testData(:, end)';

%2.数据归一化
method=@mapminmax;
[XTrainMap,inputps]=method(XTrain);
XTestMap=method('apply',XTest,inputps);
[YTrainMap,outputps]=method(YTrain);
YTestMap=method('apply',YTest,outputps);

%3.数据转换
XTrainMapD = reshape(XTrain,[size(XTrain,1),1,1,size(XTrain, 2)]);
                                                        %训练集输入
XTestMapD = reshape(XTest, [size(XTest,1),1,1,size(XTest, 2)]); %测试集输入

%4.构建 CNN 模型
```

```matlab
%创建层:采用2层卷积2层池化
layers =[
    imageInputLayer([size(XTrain,1),1 1])                          %输入层
    convolution2dLayer([3,2],10000,'Stride',1,'Padding',2)
    %卷积层1,卷积核大小为3×2,卷积核数量为10000,步长为1,填充为2
    batchNormalizationLayer                                        %归一化
    reluLayer                                                      %ReLU激活函数层
    fullyConnectedLayer(1)
    regressionLayer];                                              %回归层
%显示层信息
analyzeNetwork(layers)

%5.训练参数的选择
options =trainingOptions('adam', ...                               %求解器
    'GradientThreshold',10, ...                                    %梯度极限
    'MaxEpochs',500, ...                                           %最大迭代次数
    'InitialLearnRate', 0.03, ...                                  %初始化学习率
    'ValidationFrequency',10, ...           %验证频率,即每间隔多少次迭代进行一次验证
    'MiniBatchSize',64, ...
    'LearnRateSchedule','piecewise', ...           %是否在一定迭代次数后学习率下降
    'LearnRateDropFactor',0.90, ...                                %学习率下降因子
    'LearnRateDropPeriod',10, ...
    'SequenceLength','longest', ...
    'Shuffle','every-epoch', ...                                   %每次迭代数据打乱
    'ValidationData',{XTestMapD,YTestMap}, ...                     %验证数据集
    'Verbose',true, ...                              %在命令行窗口显示实时训练进程
    'Plots','training-progress');                                  %显示训练过程
%训练模型
net =trainNetwork(XTrainMapD,YTrainMap',layers,options);

%6.对验证集进行预测
YPred =predict(net,XTestMapD);
%反归一化
foreData=double(method('reverse',double(YPred),outputps));

%7.对训练集进行拟合
YpredTrain =predict(net,XTrainMapD);
%反归一化
foreDataTrain=double(method('reverse',double(YpredTrain),outputps));

%8.训练集预测
figure(1);
plot(foreDataTrain,'-.r','linewidth',1);
hold on;
plot(YTrain,'k','linewidth',1);
legend('CNN训练集预测值','真实值')
xlabel('预测样本');ylabel('预测结果')
grid;
```

```
%9.验证集预测
figure(2);
plot(foreData,'-.r','linewidth',1);
hold on;
plot(YTest,'k','linewidth',1);
legend('CNN 验证集预测值','真实值');
xlabel('预测样本');ylabel('预测结果');
grid;
save('net_CNN.mat', 'net');
```

测试仿真程序：chap16_4.m

```
clear all;
close all;

load('net_CNN.mat');

%1.数据预处理
data_new=load('data_test.txt');
XTest=data_new(:, 1:9)';
YTest=data_new(:, 10)';

%2.数据归一化
method=@mapminmax;
[XTestMap,inputps]=method(XTest);
[YTestMap,outputps]=method(YTest);

%3.数据转换
XTestMapD =reshape(XTest, [size(XTest,1),1,1,size(XTest,2)]); %测试集输入

%4.对测试集进行预测
YPred =predict(net,XTestMapD);
%反归一化
foreData=double(method('reverse',double('YPred'),outputps));

%5.测试集预测结果对比
figure(1);
plot(foreData,'-.r','linewidth',1);
hold on;
plot(YTest,'k','linewidth',1);
legend('CNN 测试集预测值','真实值');
xlabel('预测样本');ylabel('预测结果');
grid;

figure(2);
plot(YTest(:),YTest(:),'r','linewidth',5);
```

```
hold on;
scatter(YTest(:),foreData(:),'blue');
xlabel('输出的目标值');ylabel('输出值');
```

16.6　卷积神经网络的发展方向

首先是结构上的优化。

（1）从网络输入上改进：对输入进行预处理，摒弃不需要的部分。

（2）从特征融合上改进：对输入信息预处理时，那些不需要的部分也包含着输入内容的特征，可以考虑融合利用这部分的映射结果。

（3）限制卷积核：卷积核是卷积层中相当重要的一部分，可使用其他方法代替卷积，如使用 Gabor 核等。

（4）与其他分类器结合：卷积神经网络结构中占据重要地位的两个结构，即池化层和卷积层，卷积的过程实质上是特征提取的过程，例如，采用支持向量机分类器进行特征提取可大大提高特征提取精度。

其次是训练算法上的改进。

（1）对非线性映射函数的改进。

CNN 一般使用 Sigmoid 函数进行非线性映射，但针对某些问题（如人眼识别等）采用线性整流函数 ReLU 进行非线性映射效果更好。

（2）训练算法的无监督化。

面对海量数据时，人为的输入与输出设计是不可行的。因此，训练算法的无监督化是 CNN 改进上的重要一步。文献[5]针对日志语句随时间演变导致异常检测准确率低的问题，提出一种无监督日志异常检测模型 LogCL。

（3）参数寻优

卷积神经网络中含有众多参数，目前一般依赖经验人工调整，如何科学调整参数的问题仍然存在。

参　考　文　献

[1] GOODFELLOW I, BENGIO Y, COURVILLE A. Deep learning（Vol. 1）[M]. Cambridge：MIT Press,2016：326-366.

[2] GU J, WANG Z, KUEN J, et al. Recent advances in convolutional neural networks[J]. Pattern Recognition, 2018,77：354-377.

[3] LECUN Y, BENGIO Y, Convolutional networks for images, speech, and time series. The handbook of brain theory and neural networks[M]. Cambridge：MIT Press, 1995.

[4] 赵小川.深度学习经典案例解析（基于 MATLAB）[M].北京：机械工业出版社,2021.

[5] 尹春勇,张杨春.基于 CNN 和 Bi-LSTM 的无监督日志异常检测模[J].计算机应用,2023,43(11)：3510-3516.

[6] ANDERSSON C, RIBEIRO A H, TIELS K, et al. Deep convolutional networks in system identification[C].

IEEE 58th Conference on Decision and Control,2019.

[7] HEWAGE P,BEHERA A,TROVATI M,et al. Temporal convolutional neural (TCN) network for an effective weather forecasting using time-series data from the local weather station[J]. Soft Computing,2020,24:16453-16482.

思 考 题

1. 卷积神经网络的发展现状如何？都有哪些特点？
2. 卷积神经网络的学习方式如何？它与BP神经网络的区别是什么？
3. 卷积神经网络中的卷积层和池化层都起什么作用？
4. 影响卷积神经网络的参数有哪些？如何进一步提高卷积神经网络的性能？
5. 卷积神经网络可设计为多少层？设计的原则是什么？
6. 卷积神经网络目前理论进展如何？它在实际工程中有哪些应用？
7. 当前有代表性的深度学习神经网络共有几种？每种的特点分别是什么？
8. 为何卷积神经网络能解决图像的训练问题？
9. 以模式识别或图像处理为例，说明卷积神经网络的实际应用，给出具体的算法，并仿真说明。
10. 在16.4节的数据拟合中，如何改进卷积神经网络，以提高数据拟合的精度？

第 17 章 基于长短期记忆网络的拟合与时间序列预测

17.1 LSTM 神经网络简介

深度学习是一种在人工智能领域中具有重要影响力的技术,已经在各种任务中取得了显著的成果[1]。在深度学习算法中,长短期记忆网络(Long Short-Term Memory,LSTM)是一种特殊的循环神经网络(Recurrent Neural Network,RNN),在序列数据建模中具有出色的能力。长短期记忆网络于 1997 年提出[2],旨在解决传统 RNN 在处理长序列数据时遇到的梯度消失或梯度爆炸问题。

回归预测的目标是根据历史数据预测未来某个时刻的数值。例如,针对多输入单输出模型,需要从多个输入变量中提取信息,并预测一个单一的输出变量。LSTM 网络能自动学习数据中的趋势,很适合时间序列预测。时间序列预测模型通常需要处理大量具有时间依赖性的数据,LSTM 通过其内部的神经元状态记忆长期的信息,从而预测未来的数据。

LSTM 网络在处理时间序列数据方面展现出卓越的性能。它能有效学习并记忆长期的依赖关系,克服了传统循环神经网络难以捕捉远距离信息的问题。在实际应用中,LSTM 广泛应用于语音识别、机器翻译、自然语言处理等领域,并展现出强大的预测能力。

17.2 LSTM 原理

LSTM 的核心思想是通过引入 3 个门控制信息的流动:遗忘门(Forget Gate)、输入门(Input Gate)和输出门(Output Gate)。LSTM 网络的核心是记忆单元,它能存储和更新过去的信息,并根据当前输入进行预测。LSTM 网络通过多个单元串联构成,每个单元接收上一单元的输出和当前输入,并输出下一个单元的输入,该结构可以有效地捕捉时间序列数据中的长期依赖关系。

图 17.1 为 LSTM 网络结构,表明各个门的交互和记忆单元状态随着时间的推移而更新。通过遗忘门、输入门和输出门的协同工作,LSTM 能有效地处理序列数据中的长期依赖问题。

典型 LSTM 网络单元包含以下几部分。

1. 遗忘门

遗忘门控制记忆单元中过去信息的保留程度,决定从单元状态中丢弃哪些信息,通过式(17.1)计算:

$$f_t = \sigma(\boldsymbol{W}_f[h_{t-1}, x_t] + \boldsymbol{b}_f) \tag{17.1}$$

图 17.1　LSTM 网络结构

其中 σ 为逻辑激活函数，$\boldsymbol{W}_f$ 和 $\boldsymbol{b}_f$ 分别为遗忘门的权重矩阵和偏置项，$[h_{t-1},x_t]$ 是前一时间步的隐藏状态和当前时间步的输入。

2. 输入门

输入门控制当前输入信息进入记忆单元的程度，由两部分组成：一个 Sigmoid 层决定哪些值将要更新；另一个 tanh 层创建一个新的候选值向量，通过式(17.2)计算：

$$i_t = \sigma(\boldsymbol{W}_i[h_{t-1},x_t] + \boldsymbol{b}_i) \\ \widetilde{C}_t = \tanh(\boldsymbol{W}_C[h_{t-1},x_t] + \boldsymbol{b}_C) \tag{17.2}$$

其中 i_t 是输入门的输出，$\widetilde{C}_t$ 是候选记忆单元状态，$\boldsymbol{W}_i$、$\boldsymbol{W}_C$ 和 $\boldsymbol{b}_i$、$\boldsymbol{b}_C$ 分别是相关权重和偏置。

3. 记忆单元

记忆单元是 LSTM 网络的核心，存储过去的信息，并进行更新，主要由一个或多个神经元组成，其状态通过时间传递，通过线性方式更新。单元状态的更新结合了遗忘门和输入门的信息：

$$C_t = f_t \times C_{t-1} + i_t \times \widetilde{C}_t \tag{17.3}$$

4. 输出门

输出门控制记忆单元中信息的输出程度，输出门的输出值通过 tanh 函数进行缩放，通过式(17.4)计算：

$$O_t = \sigma(\boldsymbol{W}_O[h_{t-1},x_t] + \boldsymbol{b}_O) \\ h_t = O_t \times \tanh(C_t) \tag{17.4}$$

其中 O_t 是输出门的 Sigmoid 函数的输出，C_t 是更新后的记忆单元状态，h_t 是最终的隐藏状态输出。

17.3 激活函数的选择

在 LSTM 中,激活函数的选择对网络性能有重要影响,主要包括以下两个函数。

(1) Sigmoid 函数:用于遗忘门、输入门和输出门的门控机制。Sigmoid 函数能输出 $0\sim1$ 的值,适合用作门控机制的激活函数。

$$\sigma(x) = \frac{1}{1+e^{-x}}$$

(2) tanh 函数:用于候选记忆细胞的激活。tanh 函数输出 $-1\sim1$ 的值,能提供零中心化的激活,有助于数据的处理。

$$\tanh(x) = \frac{e^x - e^{-x}}{e^x + e^{-x}}$$

17.4 LSTM 的设计与优化

17.4.1 设计方法

LSTM 是一种特殊类型的循环神经网络,它能学习到长期依赖关系。LSTM 的结构由以下 3 个主要部分组成:遗忘门、输入门和输出门。

(1) 采用式(17.1)实现遗忘门,它决定了从单元状态中丢弃哪些信息。

(2) 采用式(17.2)实现输入门,由两部分组成:更新候选值的 Sigmoid 层和更新状态的 tanh 层。

(3) 采用式(17.3),将遗忘门和输入门的结果结合起来更新单元状态。

(4) 最后采用式(17.4)实现输出门,它决定了输出的隐藏状态。

17.4.2 梯度消失与爆炸问题

在标准的 RNN 中,梯度消失或爆炸问题会导致网络学习率下降,梯度消失意味着随着时间的推移,梯度值逐渐减小,导致网络权重更新非常缓慢,梯度爆炸会导致梯度值随着时间的推移而变得非常大,导致权重更新过于剧烈,从而影响学习过程。LSTM 通过引入门控机制解决上述问题。

(1) 遗忘门允许网络有选择性地保留或遗忘信息,这有助于防止无关信息的积累。

(2) 输入门允许网络更新单元状态,但仅当新输入与单元状态相关时。

(3) LSTM 可以维持梯度在一个合理范围内,避免消失或爆炸。

其他优化算法(如 Adam 或 RMSProp)通过调整学习率,也可缓解梯度消失与爆炸问题。

17.5 仿真实例

17.5.1 仿真实现步骤

通过以下步骤，实现多输入变量和单输出变量的 LSTM 网络 MATLAB 回归预测。

（1）数据准备：首先导入体脂数据，将包含多输入变量和单输出变量的序列数据加载到 MATLAB 中，进行预处理，实现数据的归一化。接着，将数据划分为训练集和测试集，前 220 条数据作为训练集，剩余数据作为测试集，以便于后续模型的训练和评估。

（2）建立 LSTM 网络：创建网络结构，使用 layers 函数定义 LSTM 网络，包括输入层、LSTM 层、标准化层、激活层和全连接层。设置 LSTM 层的隐含层神经元数量、输出模式，以及激活函数，确保输入变量与输出变量匹配。

（3）训练与评估：使用训练集数据，通过 trainNetwork 函数训练模型，设置训练参数，例如最小批量大小、最大迭代次数和学习率等。同时，在训练过程中监控模型的性能，通过绘制训练过程图形评估模型的收敛情况。

（4）进行预测：使用训练好的 LSTM 模型，对训练集和测试集数据进行预测，得到预测输出值，以便进行后续的性能评估。

（5）评估结果：计算预测值与实际值之间的误差，例如 RMSE，并将预测结果与真实值进行可视化对比，帮助分析模型的预测性能。通过图形展示训练集和测试集的预测结果，为模型性能提供直观的评估。

在上述第一步数据准备中，采用 MATLAB 函数 mapminmax() 对数据进行归一化，该函数逐行对数据进行标准化处理，将每一行数据标准化到区间 $[y_{\min}, y_{\max}]$，其计算公式为

$$y = \frac{(y_{\max} - y_{\min})(x - x_{\min})}{x_{\max} - x_{\min}} + y_{\min}$$

采用 mapminmax(x,0,1)，可将数据 x 归一化至 $[0,1]$，并将归一化的结构保存至 yS。例如，x=[1 2 4;1 0 1]，[y,yS] = mapminmax(x,0,1)，则 $y = \begin{bmatrix} 0 & 0.3333 & 1.0 \\ 1.0 & 0 & 1.0 \end{bmatrix}$。

17.5.2 仿真实例

利用 MATLAB 实现 LSTM 的多输入单输出的回归预测仿真。

例 1 基于 LSTM 网络的多入单出数据拟合

以第 1 章例 2 的体脂数据集为例，通过代码 load bodyfat_dataset 获得数据，共 252 组数据，每组数据作为一个样本，每个样本为 13 个输入，1 个输出。

为了实现体脂数据集输入与输出的拟合，设计具有 13 个输入，1 个输出的 LSTM 神经网络。采用函数 mapminmax() 和 reshape() 对数据进行归一化处理及格式转换。为了获得自适应学习率和更好的鲁棒性，优化算法选择梯度下降算法'Adam'，采用 sequenceInputLayer() 函数建立输入层，在 LSTM 层采用 lstmLayer() 函数，取 12 个隐含层节点，批次大小取 32，最大迭代次数取 300，初始学习率取 0.005，学习率下降因子取 0.8（每隔 32 轮下降一次），每次训练打乱数据集，命令行窗口显示实时训练进程，L2 正则化因子取 0.0001。

采用 RMSE 指标评价数据输入与输出的拟合性能,针对训练数据的 RMSE 指标为 2.1144,针对测试数据的 RMSE 指标为 2.1763。仿真程序为 chap17_1.m,仿真结果如图 17.2 和图 17.3 所示。

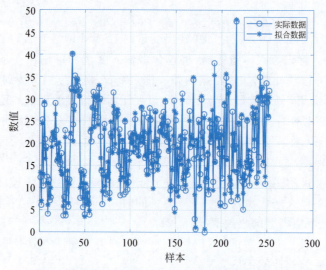

图 17.2 基于 LSTM 的实验数据拟合

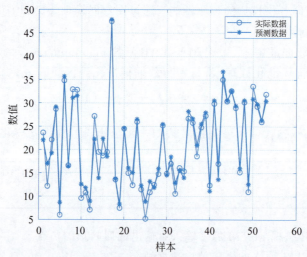

图 17.3 基于 LSTM 的数据预测

仿真程序:chap17_1.m

```
close all;
clear all;

load bodyfat_dataset                  %MATLAB 内置数据集
[x,y]=bodyfat_dataset;                %共 252 行,13 个输入,1 个输出
```

```
data=[x',y'];

%1. 数据分配,全部 252 组数据用于训练
I_train =data(1: 252, 1: 13)';              %训练集输入
O_train =data(1: 252, 14)';                 %训练集输出
M =size(I_train, 2);                        %训练集个数

%取后面的 53 组数据用于测试
I_test =data(200: end, 1: 13)';             %测试集输入
O_test =data(200: end, 14)';                %测试集输出
N =size(I_test, 2);                         %测试集个数

%2. 数据归一化
[I_train, I_input] =mapminmax(I_train, 0, 1);   %训练集输入
I_test =mapminmax('apply', I_test, I_input);    %测试集输入

[o_train, O_output] =mapminmax(O_train, 0, 1);  %训练集输出
o_test =mapminmax('apply', O_test, O_output);   %测试集输出

%3. 数据转换
I_train =double(reshape(I_train, 13, 1, 1, M)); %训练集输入
I_test =double(reshape(I_test , 13, 1, 1, N));  %测试集输入

o_train =o_train';                          %训练集输出
o_test =o_test';                            %测试集输出

%4. 数据格式转换
for i =1 : M
    i_train{i, 1}=I_train(:, :, 1, i);      %训练集输入
end

for i =1 : N
    i_test{i, 1}=I_test( :, :, 1, i);       %训练集输出
end

%创建模型
layers =[
    sequenceInputLayer(13)                  %建立输入层
    lstmLayer(64, 'OutputMode', 'last')     %LSTM 层
    batchNormalizationLayer                 %标准化层
    reluLayer                               %ReLU 激活层
    fullyConnectedLayer(1)                  %全连接层
    regressionLayer];                       %回归层

%参数设置
options =trainingOptions( ...
    'adam', ...                             %Adam 梯度下降算法
```

```
    'MiniBatchSize', 64, ...                  %批大小
    'MaxEpochs', 2000, ...                    %最大迭代次数
    'InitialLearnRate',0.002, ...             %初始学习率
    'LearnRateSchedule', 'piecewise', ...     %学习率下降(分段学习率)
    'LearnRateDropFactor', 0.5, ...           %学习率下降因子
    'LearnRateDropPeriod', 80, ...            %经过 80 次训练后学习率为 0.01×0.5
    'Shuffle', 'every-epoch', ...             %每次训练打乱数据集
    'Plots', 'training-progress', ...         %显示曲线
    'Verbose', false, ...                     %是否在命令行窗口显示实时训练进程,0 或 1
    'L2Regularization', 1e-4);                %L2 正则化因子

%训练模型
net =trainNetwork(i_train, o_train, layers, options);

%预测
train_predict=predict(net,i_train);
test_predict=predict(net,i_test );

%数据反归一化
Train_predict=mapminmax('reverse', train_predict, O_output);
Test_predict=mapminmax('reverse', test_predict, O_output);

%网络结构
analyzeNetwork(net);

figure(1);
plot(1:M,O_train,'-or',1:M,Train_predict,'-*b','linewidth',1);
legend('实际数据','拟合数据');
xlabel('样本');ylabel('数值');
grid on;
e1=sqrt(sum((O_train-Train_predict).^2) ./M)  %均方根误差

figure(2);
plot(1: N,O_test,'-or',1: N,Test_predict,'-*b','linewidth',1);
legend('实际数据','预测数据');
xlabel('样本');ylabel('数值');
grid on;
e2=sqrt(sum((O_test-Test_predict).^2) ./N)    %均方根误差
```

例 2 基于 LSTM 网络的时间序列预测

太阳黑子数量随年份变化的时间序列数据集为 MATLAB 内置数据集,采用的是 1700—2000 年的统计数据,共 288 列数据,该数据集可通过代码"load sunspot"导入。太阳黑子数量随年份变化图如图 17.4 所示,作图程序为 chap17_2.m。

仿真中,针对时序数据集,将前 10 个数据作为输入,第 11 个数据作为输出。为了实现时序数据集输入与输出的拟合,设计具有 10 个输入、1 个输出的 LSTM 神经网络。

取前 260 个数据作为训练集,其余的 261～288 列数据作为测试集。采用函数 mapminmax()和 reshape()对数据进行归一化处理及格式转换。为了获得自适应学习率和

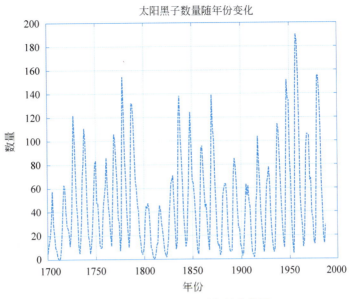

图 17.4 太阳黑子数量随年份变化图

更好的鲁棒性,优化算法选择梯度下降算法'Adam',采用 sequenceInputLayer()函数建立输入层,在 LSTM 层采用 lstmLayer()函数,取 100 个隐含层节点。为了防止过拟合,针对输入权重和循环权重采用 L2 正则化,并采用丢弃法。

训练批次大小取 32,最大迭代次数取 300,初始学习率取 0.005,学习率下降因子取 0.8(每隔 100 轮下降一次),每次训练打乱数据集,命令行窗口显示实时训练进程。

采用 RMSE 指标评价数据输入与输出的预测性能,针对训练数据的 RMSE 指标为 11.7425,针对测试数据的 RMSE 指标为 16.7880。仿真程序为 chap17_3.m,仿真结果如图 17.5 和图 17.6 所示。

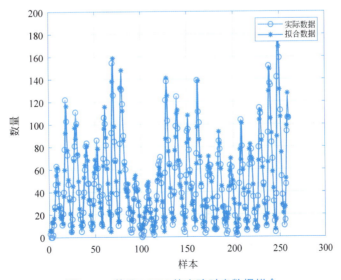

图 17.5 基于 LSTM 的实验时序数据拟合

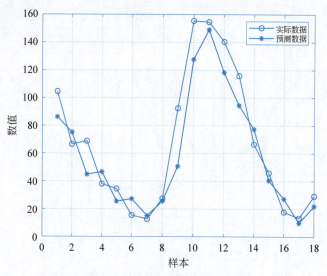

图 17.6 基于 LSTM 的时序数据预测

仿真程序：

1. 太阳黑子时序数列作图程序：chap17_2.m

```
close all;
clear all;
load sunspot;
%提取年份和太阳黑子数量
years = sunspot(:, 1);
sunspotNums = sunspot(:, 2);

%绘制年份与相应的太阳黑子数量
figure(1);
plot(years, sunspotNums,'-.k','linewidth',1.0);
title('太阳黑子数量随年份变化');
xlabel('年份');ylabel('数量');
grid on;
```

2. 基于 LSTM 网络的时间序列预测：chap17_3.m

```
close all;
clear all;
%导入时间序列数据(太阳黑子数量随年份变化的 MATLAB 内置数据集)
load sunspot;
sunspotNums = sunspot(:, 2);
data = sunspotNums;
%数据分析
N = size(data,1);                          %样本个数,288 个
```

```matlab
% 数据预处理
N_input = 10;                                          % 使用 10 个历史数据点
delta = 1;                                             % 跨 1 个时间点进行预测

% 划分数据集
for i=1:N-N_input-delta+1
    data_new(i, :) =[reshape(data(i:i+N_input-1),1,N_input),data(i+N_input+delta-1)];
end

% 划分训练集和测试集
K =1: 1: 278;                                          % 288-10=278

I_train =data_new(K(1: 260), 1: 10)';                  % 训练集
O_train =data_new(K(1: 260), 11)';
M =size(I_train, 2);

I_test =data_new(K(261: end), 1: 10)';                 % 测试集
O_test =data_new(K(261: end), 11)';
N =size(I_test, 2);

% 数据归一化
[I_train, I_input] =mapminmax(I_train, 0, 1);          % 训练集输入
I_test =mapminmax('apply', I_test, I_input);           % 测试集输入

[o_train, O_output] =mapminmax(O_train, 0, 1);         % 训练集输出
o_test =mapminmax('apply', O_test, O_output);          % 测试集输出

% 数据平铺:转换为四维数据
I_train =double(reshape(I_train, 10, 1, 1, M));
I_test =double(reshape(I_test , 10, 1, 1, N));

o_train =o_train';
o_test =o_test';

% 数据格式转换
for i =1 : M
    i_train{i, 1} =I_train(:, :, 1, i);
end

for i =1 : N
    i_test{i, 1} =I_test( :, :, 1, i);
end

% 创建模型
layers =[
            sequenceInputLayer(N_input)                             % 输入层
            lstmLayer(100, 'OutputMode', 'last', ...                % LSTM 层,100 个隐含层节点
                'InputWeightsL2Factor', 0.001, ...                  % 输入权重 L2 正则化
```

```matlab
                    'RecurrentWeightsL2Factor', 0.001)
                                                        % 循环权重 L2 正则化
            dropoutLayer(0.5)                           % Dropout 层，防止过拟合
            fullyConnectedLayer(1)                      % 全连接层
            regressionLayer];                           % 回归层

%参数设置
options =trainingOptions('adam', ...                    % Adam 梯度下降算法
    'MiniBatchSize', 32, ...                            % 批大小
    'MaxEpochs',300, ...                                % 最大训练次数
    'InitialLearnRate', 0.005, ...                      % 初始学习率
    'LearnRateSchedule', 'piecewise', ...               % 学习率下降
    'LearnRateDropFactor', 0.8, ...                     % 学习率下降因子
    'LearnRateDropPeriod', 100, ...                     % 每隔 100 轮下降一次
    'Shuffle', 'every-epoch', ...                       % 每次训练打乱数据集
    'Plots', 'training-progress', ...                   % 作图
    'Verbose', false);                                  % 命令行窗口显示实时训练进程

%训练模型
net =trainNetwork(i_train, o_train, layers, options);

%仿真预测
train_predit =predict(net, i_train);
test_predit =predict(net, i_test );

%数据反归一化
Train_predit=mapminmax('reverse', train_predit, O_output);
Test_predit=mapminmax('reverse', test_predit, O_output);

%查看网络结构
analyzeNetwork(net);

figure(1);
plot(1:M,O_train,'-or',1:M,Train_predit,'- * b','linewidth',1);
legend('实际数据','拟合数据');
xlabel('样本');ylabel('数值');
grid on;
e1=sqrt(sum((O_train-Train_predit').^2) ./M)     %均方根误差

figure(2);
plot(1: N,O_test,'-or',1: N,Test_predit,'- * b','linewidth',1);
legend('实际数据','预测数据');
xlabel('样本');ylabel('数值');
grid on;
e2=sqrt(sum((O_test-Test_predit').^2) ./N)       %均方根误差
```

17.6 未来发展方向

LSTM 神经网络未来的研究方向包括以下几方面。
(1) 模型优化：简化 LSTM 的结构，优化参数，提高网络运行效率；
(2) 学习机制：探索更有效的门控机制，提高 LSTM 网络对长短期信息的预测能力；
(3) 与其他模型融合：结合相关的深度学习方法，增强网络的表达能力和泛化能力；
(4) 应用创新：开发更多的应用领域，如在气候预测、医疗健康、金融等领域的应用。

LSTM 作为一种强大的时间序列预测神经网络，已经在多个领域展现出强大的潜力，有望其未来可解决更多的实际问题。

参 考 文 献

[1] LECUN Y，BENGIO Y，HINTON G．Deep learning[J]．Nature，2015，521(7553)：436-444．
[2] HOCHREITER S，SCHMIDHUBER J．Long short-term memory[J]．Neural Computation，1997，9(8)：1735-1780．